CADMOS HUNDEPRAXIS

Schnüffeln erlaubt!

Lesen
Lernen
Wissen

CADMOS HUNDEPRAXIS

Martina Nau

Schnüffeln erlaubt!

Schlaue Hundenasen im Einsatz

CADMOS

Impressum
Copyright © 2010 by Cadmos Verlag, Schwarzenbek
Gestaltung: Ravenstein + Partner, Verden
Satz: Grafikdesign Weber, Bremen
Titelfoto: Ulrich Neddens
Fotos im Innenteil: Ulrich Neddens, sofern nicht anders angegeben
Lektorat: Maren Müller
Druck: Westermann Druck, Zwickau

Deutsche Nationalbibliothek – CIP-Einheitsaufnahme
Die Deutsche Nationalbibliothek verzeichnet diese Publikation in der Deutschen Nationalbibliografie; detaillierte bibliografische Daten sind im Internet über http://dnb.ddb.de abrufbar.

Printed in Germany

ISBN: 978-3-86127-874-0

Inhalt

MÜNSTI@WORK

Interessant zu wissen

Schnüffeln erlaubt? Aber ja! Gemeinsam machen sich Mensch und Hund auf den Weg zum perfekten Schnüfflerteam. Ab sofort wollen wir die wunderbare Welt der Gerüche erobern.

Was liegt da näher, als sich mal anzuschauen, was die Hunde machen, deren Beruf das Schnüffeln ist. Eng arbeiten sie mit ihren Menschen zusammen. Diese Hunde werden als Zoll- und Polizeihunde, als Jagdhunde, Rettungshunde, Schimmelspürhunde und Minensuchhunde dringend gebraucht. Immer ist es die ausgezeichnete Nase, die sie zu unersetzlichen Helfern macht. Gut und von frühester Jugend an ausgebildet, könnte nahezu jeder unserer Hunde ebenfalls diese Aufgaben übernehmen.

Zu den Stars unter den Schnüfflern gehören unter anderem der Bloodhound, Bracken, wie zum Beispiel der Beagle oder der Hannoversche Schweißhund, und Angehörige der verschiedenen Spanielrassen. Das heißt jedoch nicht, dass andere Rassen oder Hundetypen ihnen in der Riechfähigkeit unbedingt nachstehen. Und selbst der Hund mit dem schlechtesten Geruchssinn wird uns Menschen noch immer in großes Erstaunen versetzen.

Hunde *können* aber nicht nur gut riechen, sie *wollen* es auch unbedingt. Nicht umsonst haben wir oft das Problem, dass sie ununterbrochen schnüffelnd neben uns herlaufen und wir sie kaum aus ihrer Geruchswelt loseisen können. Diese Leidenschaft können wir jedoch auch nutzen. Damit jedes Mensch-Hund-Schnüfflerteam spannende Schnüffelideen findet, schlagen wir in diesem Buch einen großen Bogen.

Wir beginnen mit witzigen Nasenspielen für die kleine Langeweile zwischendurch. Danach gibt es interessante Beschäftigungsideen, die ein längeres, aufbauendes Training erfordern und der Arbeit mit Jagd- oder Rettungshunden nachempfunden sind. Vor allem die Geruchsunterscheidung, die Freiverlorensuche und die Schleppen- und Fährtenarbeit eignen sich auch zur trieblichen Auslastung von Hunden mit großer Jagdpassion, denn sie kommen der jagdlichen Arbeit nahe.

Wenn Sie beim Lesen bald den Eindruck bekommen, dass wir bei allem Spaß und Spiel auch immer auf den Ausbau von Gehorsamkeit und Ruhe achten, dann ist dieser Eindruck richtig. Es wäre doch schade, wenn man all die schönen Beschäftigungsideen nicht nutzte, um beides ein wenig zu verbessern. Hinzu kommt, dass vor allem für Angehörige von Arbeitshunderassen und deren Mischlinge eine Tätigkeit erst dann wertvoll wird, wenn sie das Gefühl haben, etwas Wichtiges zu leisten. Vor allem ihrem Training sollten wir einen seriösen Anstrich geben.

Bevor wir mit dem Training beginnen, machen wir jedoch einen kurzen Ausflug in die Geruchswelt unserer Hunde.

Der Geruchssinn des Hundes

Während das menschliche Geruchsorgan über ungefähr 5 Millionen Geruchsrezeptoren verfügt, sind dies beim Hund je nach Rasse und Typ circa 200 Millionen Rezeptoren. Ausgebreitet ergibt die Fläche der Nasenschleimhaut des Hundes in etwa 85 bis 200 Quadratzentimeter, die des Menschen nur 5 Quadratzentimeter. Wenn man zusätzlich bedenkt, dass circa 10 Prozent des Hundegehirns für die Verarbeitung von Geruchsinformationen reserviert sind, kann man sich vorstellen, um wie viel besser als wir unsere Hunde riechen können.

Sie nehmen eine sehr große Menge verschiedener Düfte gleichzeitig wahr und filtern diejenigen heraus, die ihnen interessant erscheinen, um sie dann weiterzuverfolgen.

Verfolgt unser Hund eine Spur, riecht er mikroskopisch kleine Hautschüppchen oder zertretene Mikroben, auch wenn diese Spuren mehrere Stunden oder Tage alt sind. Für ihn ist diese Duftspur so eindeutig zu riechen, wie wir sie sähen, wäre sie mit Leuchtfarben markiert. So erkennt er am Verwesungszustand der Mikroorganismen, ob eine Fährte von rechts nach links oder von links nach rechts verläuft. Das muss man sich mal vorstellen!

Nasenarbeit ist für Hunde eine sehr anstrengende Tätigkeit. Durch extrem häufiges Ein- und Ausatmen – bis zu 300 -mal pro Minute – erhöhen sich Pulsfrequenz und Körpertemperatur. Das macht Hunde müde. Planen Sie also vor allem anfangs nicht zu lange Trainingseinheiten. Sie werden jedoch bemerken, dass sich die Kondition und die Konzentrationsfähigkeit Ihres Hundes stetig verbessern. Das hat auch positive Auswirkungen auf andere Lebensbereiche, wenn Ihr Hund sich zum Beispiel trotz interessanter Außenreize demnächst besser auf Sie konzentrieren kann oder generell nicht so schnell nervös oder gestresst wird – weil nicht nur der Körper, sondern auch das Gehirn gut durchtrainiert ist.

Verfolgt der Hund eine Spur, riecht er mikroskopisch kleine Teilchen.

Nasenarbeit macht Hunde müde und zufrieden.

Wie lernt der Hund?

Die Aufgaben, die unsere Hunde bei der Nasenarbeit erlernen, sind häufig schwierig und komplex. Nicht jeder Hund lernt die gleichen Dinge auf die gleiche Weise. Während Augenhunde, wie zum Beispiel Hütehunde, schnell vom Zuschauen profitieren, lernen Aktionshunde wie Terrier häufig schnell über Versuch und Irrtum. Wieder andere – vor allem sensible Gefühlshunde, wie es zum Beispiel oft Irish Setter sind – fühlen sich am wohlsten und verstehen am schnellsten, wenn man die ersten Schritte einer neuen Übung sauber konditioniert. Denken Sie ein wenig über Ihren Hund nach und probieren Sie verschiedene Trainingswege aus. Das ist spannend und Sie lernen ihn besser kennen. Das hilft Ihnen auch im alltäglichen Leben weiter, denn vieles versteht Ihr Hund schneller, wenn Sie den für ihn richtigen Trainingsweg kennen. Zudem können Sie sich eventuell einige seiner (für Sie vielleicht bisher rätselhaften) Verhaltensweisen erklären.

Wenn wir mit einem Hund trainieren, sollten wir jedoch auch daran denken, dass er in

Stresssituationen blockiert und dann nicht mehr in der Lage ist zu lernen. Vermeiden Sie also zu viel Stress. Dieser kann ausgelöst werden durch zu viele Außenreize wie Wind, Gerüche oder andere Hunde, aber auch durch eine Überforderung, wenn der Hund nicht versteht, was man eigentlich von ihm möchte.

Es gibt viele Möglichkeiten, einen Hund zu belohnen. Leckerchen sind nur eine davon.

An folgende Lernregeln sollten wir auch bei der Nasenarbeit immer denken:

- Hunde lernen situationsbezogen und generalisieren erst nach vielen Wiederholungen.
- Kleine Veränderungen des Trainingsaufbaus ergeben immer eine komplett neue Lernsituation.
- Es muss ein unmittelbarer zeitlicher Zusammenhang bestehen zwischen der Handlung des Hundes und den Folgen seiner Handlung, damit er lernt, beides zu verknüpfen (Timing). Wir haben ungefähr ein bis zwei Sekunden Zeit für die Belohnung.
- Vergessen Sie daher nicht den sekundären Bestärker in Form eines Clickers oder eines Bestärkerworts wie zum Beispiel „Fein". Dieser sollte konditioniert werden, damit der Hund etwas damit anfangen kann. Weiterführende Literatur zu diesem Thema finden Sie im Anhang.
- Die beste Belohnung ist immer die, die der Hund in dieser Sekunde am liebsten hätte. Das kann, muss aber nicht immer ein Leckerchen sein.
- Sprechen Sie eine (aus der Sicht des Hundes) eindeutige Wort- und Körpersprache, damit Sie ihm helfen können, auch schwierige Dinge zu verstehen.
- Hunde probieren oft aus, ob etwas funktioniert oder nicht; falls es funktioniert, wiederholen sie es; falls es nicht funktioniert, wiederholen sie es nicht. Sorgen Sie also je nach Lernziel dafür, dass sich eine Handlung für Ihren Hund lohnt oder eben nicht lohnt.
- Verhaltensketten (wie zum Beispiel eine Suche mit anschließender Anzeige oder Apport) werden immer von hinten aufgebaut, weil wir so jedes Einzelverhalten dadurch belohnen, dass das nächste Verhalten ausgeführt werden darf, um letztendlich die Belohnung in Form von Beute, Leckerchen oder etwas anderem Begehrenswerten zu bekommen.

Nasenarbeit: Lieb durch Trieb

Lassen Sie uns kurz darüber nachdenken, dass wir mit den Trieben unseres Hundes arbeiten, wenn wir mit ihm Schnüffelspiele machen. Daher ist Nasenarbeit vor allem für gelangweilte und jagdtriebige Hunde eine ideale Möglichkeit, müde und zufrieden zu werden und gleichzeitig den Drang nach Abenteuer und Jagd zu verringern. Angesprochen werden der Spürtrieb, der Stöbertrieb, der Beutetrieb, der Bringtrieb, der Bewegungs- und Betätigungstrieb, je nach Schnüffelaufgaben, die wir unserem Hund stellen. Nur der Vollständigkeit halber schauen wir uns die einzelnen Triebe kurz an. Damit wird uns allen klar, welche Möglichkeiten zur Auslastung (auch bei problematischen Verhaltensweisen) die verschiedenen Schnüffelaufgaben bieten.

Mit dem *Spürtrieb* zeigt der Hund den Willen, eine Fährte aufzunehmen und bis zum Ziel zu verfolgen.

Der *Stöbertrieb* lässt den Hund mit hoher Nase arbeiten, ohne eine Fährte aufzunehmen. Gleichzeitig setzt der Hund Augen und Ohren ein.

Mit einem ausgeprägten *Beutetrieb* möchte der Hund nicht nur seine Beute verfolgen, sondern das Beuteobjekt auch fassen.

Der *Bringtrieb* lässt unseren Hund die gefundenen Objekte aufnehmen und davontragen. Ziel unseres Trainings sollte daher – wenn möglich – sein, dass er die Beute zu uns trägt.

Gehorsamkeit und Bindung werden größer, wenn man mit den Trieben trainiert statt gegen sie.

Je länger die Nase, desto besser riecht der Hund.

Und schließlich lastet Nasenarbeit auch den *Bewegungs- und Betätigungstrieb* aus, denn unser Hund muss rennen, klettern, kriechen, um das Beuteobjekt zu finden. Vor allem temperamentvollen und bewegungsfreudigen Hunden helfen wir sehr, wenn sie plötzlich nicht mehr unkoordiniert und ziellos durch die Landschaft eilen, sondern planvoll ihren Verstand einsetzen müssen, um an das gemeinsam gesteckte Ziel zu kommen.

Alle diese Triebe werden bei Suchaufgaben angesprochen und reduzieren sich für kurze Zeit nach dem Training, sodass selbst hochtriebige Hunde einen für sie befriedigenden Zustand innerer Ruhe entdecken. Und letztendlich: Mit den Trieben zu trainieren statt gegen sie, erzeugt eine sehr innige Bindung zwischen Mensch und Hund und damit nicht zuletzt eine bessere Gehorsamkeit.

Tipps und Tricks für Schnüffelprofis

Welche Schnüffelaufgaben unsere Hunde auch lösen sollen, mit dem richtigen Wissen können wir ihnen dabei helfen, schnell und erfolgreich zu arbeiten.

Kalkulieren Sie vor allem draußen Windrichtung, Windstärke, Temperatur und Luftfeuchtigkeit ein.

Generell hilft man dem Hund, wenn er gegen den Wind arbeitet; dies ist allerdings nicht immer erwünscht, denn wir können hiermit seinen Arbeitsstil enorm beeinflussen, sowohl positiv als auch negativ. Wie wir später sehen werden, ist dies vor allem für die Freiverlorensuche und die Schleppen- und Fährtenarbeit von Bedeutung. Das Gleiche gilt für die Windstärke. Starker Wind verteilt Gerüche großflächig und unser Hund sucht eher mit hoher Nase. Schwacher Wind lässt den Hund eher mit tiefer Nase suchen. Je höher die Temperatur, desto schwieriger wird das Arbeiten für den Hund, weil sich kleinste organische Spuren schnell zersetzen und seine Nasenschleimhaut zudem schneller austrocknet. Je höher die Luftfeuchtigkeit, desto leichter findet er also.

Entsprechend macht es Sinn, dass die arbeitende Hundenase nass ist. Lassen Sie Ihren Hund regelmäßig trinken, einerseits, um den Flüssigkeitsverlust auszugleichen, andererseits, um die Nase feucht zu halten für ein besseres Riechvermögen.

Wenn Sie Ihren Hund bei der Arbeit beobachten, werden Sie spannende Dinge entdecken. Schauen Sie doch mal, ob er mit tiefer Nase arbeitet, mit halbhoher oder mit hoher Nase. Läuft er große Bögen oder kleine? Entfernt er sich zügig von Ihnen oder „fragt" er des Öfteren, ob er noch in die richtige Richtung läuft? All dies macht seinen Arbeitsstil aus und lässt Sie Ihren Vierbeiner auch im Alltag besser verstehen.

Und noch eine Kleinigkeit sollten Sie bedenken: Hundesenioren und Hunde mit einem sehr kurzen Fang haben ein schlechteres Riechvermögen. Wählen Sie stärkere Düfte, damit auch sie weiterhin Spaß an der Nasenarbeit haben.

Schicken Sie den Hund immer aus der *Fuß*-Position in die Suche. Sie erleichtern ihm durch dieses Ritual seine Arbeit und trainieren gleichzeitig immer wieder seine Impulskontrolle. Dies ist die Fähigkeit, vor dem Arbeitseinsatz ruhig abzuwarten und auch generell in anderen Lebenssituationen nicht einfach so loszurennen, sondern auf die Erlaubnis dafür zu warten.

Training mit Düften

Viele Düfte sind möglich, aber nicht alle sind sinnvoll. Kaffee mögen unsere Hunde zum Beispiel oft gar nicht so gern erschnüffeln, einige Parfums sind auch äußerst unbeliebt. Aber Kamillentee mögen Hunde sehr gern, Würstchenwasser (das Wasser, in dem Würstchen im Glas eingelegt sind) oder Hühnerbrühe, Anisöl (stark verdünnt) und natürlich Wildgerüche sind immer beliebt.

Von heiß begehrt bis unangenehm: Düfte.

Trainieren Sie bitte nur mit Wildersatz, wenn es nicht zu vermeiden ist.

Im Hundesport- und Jagdfachhandel gibt es künstliche Wildgerüche. Doch Vorsicht! Mit ihnen würde ich nur arbeiten, wenn es darum geht, einem sehr jagdtriebigen Hund im Zuge des Antijagdtrainings eine Alternative zu Wild und Wildspuren zu bieten, um ihn im weiteren Training auf harmlose Gerüche umzutrainieren.

Wenn Sie mit Düften arbeiten, denken Sie daran, dass Gerüche, die für uns normal riechen, für den Hund unangenehm sein können. Da muss man sich nicht wundern, wenn er etwas nicht riechen möchte und deswegen dem Geruch eher aus dem Weg geht. Wenn Ihr Hund also Ihrer Meinung nach die Aufgabe „nicht versteht" oder „nichts riecht", könnte es durchaus auch an einem zu unangenehmen oder zu starken Duft liegen.

Wenn Sie mit einem neuen Duft starten, sollten Sie ihn von Training zu Training mehr verdünnen. So bleibt die Arbeit spannend.

Training mit Wildersatz

Überlegen Sie es sich gut, ob Sie mit Hasenfellen, Entenfedern oder sonstigem Wildersatz trainieren wollen. Besser ist es, Sie bringen Ihren Hund erst gar nicht auf die Idee, dass man auch hiernach suchen kann. Eine Ausnahme gibt es jedoch: Immer wieder treffen wir auf Hunde, die sich im Antijagdtraining im Zuge der Triebauslastung nur für diese Wildersatzstücke begeistern können.

Bei Schleppen- und Fährtenarbeit sollte der Hund an einem gut sitzenden Geschirr geführt werden.

Richtig eingesetzt sind sie häufig der einzige Zugang zu Hunden mit starker Jagdpassion. Trainieren Sie Apportieren oder Nasenarbeit mit solch einem Hund, haben Sie endlich etwas gefunden, das ihm zumindest annähernd eine Alternative zu richtigem Wild bietet. Sorgen Sie jedoch dafür, dass er sich auch bald für Würstchenschleppen und Dummyapporte begeistert und der Wildersatz nur ein Übergang ist. Besonders gut können Sie den Wildersatz bei der Schleppenarbeit und der Freiverlorensuche einsetzen, über die wir später mehr lesen werden.

Helfer, die uns begleiten

Einige Trainingshilfen gibt es, die wir häufig brauchen, wenn wir mit unserem Hund richtig spannende Nasenarbeit machen.

Hierzu zählt die Wasserflasche, die wir unserem Auszubildenden öfter als sonst anbieten, denn Schnüffeln macht Durst und eine feuchte Nase nimmt besser Gerüche auf als eine trockene.

Leckerchen sind perfekt, um den Hund im Training zu motivieren. Sie sollten allerdings nicht besser und stärker riechen als das, was der Hund erschnüffeln soll.

Neben der kurzen Leine benötigen wir häufig auch eine lange, und dies sollte eine Feld- oder Schleppleine sein. Eine Länge von circa 5 bis 10 Metern, je nach Gelände und Geschwindigkeit des Hundes, hat sich bewährt. Achten Sie darauf, dass der Leinendurchmesser zur Größe und zum Gewicht Ihres Hundes passt.

Sollten Sie ein Halsband benutzen, muss dieses gut angepasst sitzen: Es darf nicht zu locker sein, aber auch nicht zu fest. Zwei Finger unserer Hand sollten noch zwischen Halsband und Hundehals passen.

Für Schleppen- und Fährtenübungen ist ein Geschirr die bessere Wahl als ein Halsband, denn dabei darf der Hund ziehen. Das wiederum ist nicht gesund, wenn er ein Halsband trägt.

Mag Ihr Hund weder Spielzeug noch Standarddummys, eignet sich nahezu immer als letzte Rettung ein Futterdummy als Suchgegenstand. Als Jackpot darf sich der Schnüffelexperte mit Ihrer Hilfe aus diesem ab und zu auch selbst bedienen.

Die Augen bei der Nasenarbeit

Warum interessiert es uns, was der Hund sieht, wo es hier doch um Nasenarbeit geht? Ganz einfach: weil unser Hund auch beim Schnüffeln nicht seine Augen schließt. Wollen wir bestimmte Trainingsziele erreichen, können uns die Hundeaugen helfen oder auch hinderlich sein, es kommt ganz darauf an, wie wir unser Training aufbauen und Trainingshilfen einsetzen.

Hunde sind nicht vollkommen farbenblind, sondern sehen die Welt in etwa so wie Menschen, die unter einer Rotgrünblindheit leiden. Sie erkennen einige Blautöne. Die meisten anderen Farben zeigen sich ihnen als Schwarz, Weiß oder Grau.

Haben Sie schon mal darüber nachgedacht, dass man durch die richtige Farbauswahl des Suchobjekts steuern kann, ob der Hund nur seine Nase einsetzt oder auch seine Augen? Nehmen wir also zum Beispiel einen blaugrünen Suchgegenstand, findet unser Hund ihn – vor allem im Gras – auch mit den Augen. Wählen wir jedoch einen

Auch die Augen spielen bei der Nasenarbeit eine Rolle.

orangefarbenen Gegenstand, dann ist dieser nahezu unsichtbar und der Hund muss ihn mithilfe der Nase finden. Lassen wir unseren Hund eine weiße Socke suchen, können wir diese auf dunkle Fliesen legen, um ihm durch einen schnellen Sucherfolg zunächst Selbstvertrauen zu geben. Später legen wir diese weiße Socke auf einen weißen Teppich – und schon muss unser Schnüffelass die Nase einsetzen.

Dieses Wissen sollten wir unbedingt auch für die Nasenarbeit nutzen. Was bringt es Ihnen, wenn der Hund bei der Leckerchensuche anfangs immer das blaue Hütchen hebt, weil dieses neben den beiden braunen hervorsticht? Nichts – also nehmen Sie zu Beginn gleichfarbige Hütchen. Ist Ihr Hund aber bereits ein ausgefuchster Suchprofi, können Sie genau dieses eine blaue Hütchen zur Verleitung nutzen und damit die Aufgabe schwieriger gestalten.

Wichtig ist auch zu wissen, dass Hunde Bewegungsseher sind. Sie sehen vorrangig alles, was sich bewegt. Auf diese Weise können wir den Trieb unseres Hundes steuern wie ein Auto. Ist ein Hund hochtriebig und übermotiviert im Training, werfen wir keine Gegenstände, die er später suchen muss, sondern legen sie entweder langsam auf den Boden, während er zuschaut, oder lassen ihn überhaupt nicht zusehen. Vielleicht hat Ihr Trainingspartner aber auch gar keine Lust zu suchen? Vielleicht ist sein Trieb sehr gering? Dann werfen Sie den Suchgegenstand in hohem Bogen in höheres Gras oder hinter ein Hindernis. Dazu können Sie auch noch ein Geräusch machen. Die Bewegung lässt den Gegenstand „leben“. Sie werden sehen, dass das Interesse an ihm gehörig wächst.

Steuern Sie mit der richtigen Farbauswahl der Suchgegenstände, ob der Hund seine Nase einsetzt oder seine Augen.

Gegenstand gefunden – und nun?

Die Frage ist immer: Was macht unser Hund mit dem Gegenstand, den er gesucht und gefunden hat? Je nach Rasse, Typ oder Vorliebe des Hundes, aber auch nach Größe und Art des Suchgegenstands gibt es verschiedene Möglichkeiten der sogenannten „Anzeige".

Anton hat den Suchgegenstand gefunden ...

„Zeig es mir!“ – Anzeige durch Absitzen oder Abliegen

Wenn ein Hund nicht gern apportiert oder wenn der gesuchte Gegenstand zu groß zum Tragen ist, kann der Hund ihn anzeigen durch Absitzen oder Abliegen. Wie bringen wir ihm dieses bei?

Wir bauen die Suchaufgabe, die wir derzeit trainieren, in ihrer einfachsten Form auf. Der Abstand des Suchgegenstands zum Hund sollte nicht groß sein. Wenn der Hund den Gegenstand gefunden hat, loben wir ihn erst mit einem Klick oder mit unserem konditionierten Bestärkerwort, dann sagen wir *Sitz* oder *Platz* und belohnen ihn anschließend mit Leckerchen. Wichtig ist, dass wir hier unseren sekundären Bestärker einsetzen, sobald der Hund durch interessiertes Schnüffeln oder andere Anzeichen erkennen lässt, dass er gefunden hat.

... und zeigt ihn durch Absitzen an.

Ein anderer Trainingsweg verführt den Hund geradezu zum Absitzen oder Ablegen: Platzieren Sie ein sehr beliebtes Suchobjekt so, dass er es nicht zu fassen bekommt. Sie könnten es an einen Baum hängen oder unter einem Teppich verstecken. Lassen Sie ihn versuchen, an den Gegenstand zu gelangen. Irgendwann wird er aufgeben und sich hinsetzen oder hinlegen. Dies sollten Sie sofort belohnen. Hierzu gibt es zwei Möglichkeiten: Entweder bekommt er unverzüglich ein Leckerchen und danach das Suchobjekt oder Sie übergehen das Leckerchen und geben ihm direkt seine Beute. Wählen Sie den einen oder anderen Weg je nach Hund. Danach lassen Sie ihn mit einem Auflösewort aufstehen. Wählen Sie hierzu ein Wort wie *Lauf* oder *Frei*, mit dem Sie Ihrem Hund regelmäßig das Ende einer Übung mitteilen.

„Sag es mir!" – Anzeige durch Lautgeben

Soll der Hund durch Lautgeben den gefundenen Gegenstand anzeigen, sollten wir zunächst Lautgeben auf Wort- oder Sichtzeichen separat trainieren. Ist Ihr Hund ohnehin bellfreudig, geht dies sehr schnell. Halten Sie nun ein Leckerchen in der geschlossenen Hand oder nehmen Sie sein Lieblingsspielzeug, geben es ihm aber nicht.

Macht Ihr Hund keine Anstalten, an das Leckerchen oder das Spielzeug kommen zu wollen, bewegen Sie es vor ihm von einer Seite zur anderen oder – was noch besser wirkt – von ihm weg und zu ihm zurück. Denken Sie daran: Bewegung verstärkt das Verlangen, die Beute zu bekommen. Foppen Sie ihn also ruhig ein wenig. Selbst wenn er anfangs andere Wege ausprobiert, um das Gewünschte zu bekommen, irgendwann wird er bellen. Beim kleinsten Anzeichen oder leisesten Lautgeben bekommt er die Beute *sofort*, möglichst gleichzeitig. Hier ist das Timing mal wieder sehr wichtig. Nach einigen Wiederholungen hat Ihr Hund gelernt: Wenn ich in dieser Situation etwas möchte, dann belle ich. Sobald er nun Laut gibt, belegen Sie dieses Verhalten mit dem ausgewählten Kommando. Sagen Sie also zum Beispiel *Gib Laut* – in der Sekunde, in der er bellt.

Ist auf *Gib Laut* das Bellen regelmäßig abrufbar, können Sie es als Anzeige in der Nasenarbeit nutzen. Hier ist der Ablauf wie bereits im vorigen Kapitel für das Absitzen oder Abliegen beschrieben: Der Hund findet, Sie loben mit sekundärem Bestärker, sagen *Gib Laut*, der Hund bellt, Sie gehen zügig zu ihm, damit er bei seinem Suchobjekt bleibt, und dort belohnen Sie ihn vor Ort.

Auch hier kann man das Suchobjekt so platzieren, dass der Hund nicht bis zu ihm gelangen kann. Man wartet nun, bis er bellt. Sie sollten unbedingt auch den kleinsten Beller sofort belohnen, damit er diese Handlung häufiger wiederholt.

Vergessen Sie vor allem bei der Anzeige durch Lautgeben nicht, mit einem Auflösewort zu arbeiten, damit Sie Ihrem Hund mitteilen können, dass er das Bellen einstellen soll.

Nicht nur Jagdhunde können die Anzeige durch Vorstehen erlernen. (Foto: R. Maurer)

Vorstehen

Vorstehhunde, wie zum Beispiel Kleiner und Großer Münsterländer, Magyar Vizsla oder Setter, zeigen Wild – und außerhalb des Jagdbetriebs auch andere „Beute“ – durch Vorstehen an. Dies bedeutet, dass sie, sobald sie Beute wittern, augenblicklich wie angewurzelt stehen bleiben. Ihre Muskeln sind gespannt und viele Hunde heben zudem einen Vorderlauf an. Manche verharren in dieser Position, bis sie von ihrem Hundeführer angesprochen oder berührt werden.

Entdecken Sie das Vorstehen bei Ihrem Hund, können Sie diese natürliche Veranlagung nutzen. Belohnen Sie Vorstehen möglichst zeitgleich durch den Clicker oder das Bestärkerwort, gehen Sie dann zu Ihrem Hund und geben Sie ihm die Belohnung in Form eines Leckerchens und/oder des Suchobjekts und ein Auflösewort. So lernt er, dass das Vorstehen mit diesem beendet ist. Es ist auch hier sinnvoll, anfangs dafür zu sorgen, dass der Suchgegenstand so versteckt ist, dass der Hund nicht ohne Ihre Hilfe an ihn herankommt.

Fügen Sie das Hörzeichen Apport *erst hinzu, wenn Ihr Hund sicher bringt.*

Apportieren

Wenn Sie Ihrem Hund das Apportieren beibringen, werden sich Spaß und Trainingsmöglichkeiten ab sofort vervielfachen. Wir möchten den freudigen Apport, den der Hund gerne ausführt. Trainingsgelegenheiten gibt es hierfür viele. Manche Hunde tragen ohnehin häufig irgendwelche Sachen von A nach B. Wenn Sie dies beobachten, rufen Sie Ihren Hund nur mit einem einfachen Kommsignal, gehen Sie in die Hocke und loben Sie ihn ausgiebig, wenn er das, was er im Fang hat, in Ihre Nähe bringt.

Möchte er es nicht gerne abgeben, tauschen Sie die Beute gegen ein Leckerchen oder gegen ein gleichwertiges Spielzeug. Nehmen Sie dazu seinen Apportiergegenstand ruhig in eine Hand, ohne daran herumzuzerren, und halten Sie nun mit der anderen Hand ein gut riechendes Leckerchen vor seine Nasenlöcher. Reflexartig wird der Hund seinen Fang öffnen. Gleichzeitig sagen Sie ruhig und lieb *Aus*, nehmen den Gegenstand an sich und geben ihm das Leckerchen. Danach – und das ist die Überraschung des Tages für Ihren Hund – geben Sie ihm nun den Gegenstand zurück, drehen sich um und gehen weg. In den allermeisten Fällen wird Ihnen Ihr Hund erstaunt hinterherschauen. Nutzen Sie diesen Moment und rufen Sie ihn nun lieb zu sich. Wenn er kommt, gehen Sie wiederum in die Hocke, tauschen Beute gegen Leckerchen, geben ihm die Beute zurück. Nach zwei oder drei Wiederholungen stecken Sie den Gegenstand ein (in Ihre Tasche!) und beenden das Spiel.

Fügen Sie das Hörzeichen *Apport* erst hinzu, wenn Ihr Hund sicher bringt. Denken Sie daran, dass der Hund alle Aktionen miteinander verknüpft, die gleichzeitig geschehen. Darum sollten Sie dem Heranbringen erst den Namen *Apport* geben, wenn er es nahezu fehlerlos beherrscht, ansonsten fällt unter diesen Begriff für Ihren Hund alles, was er sich sonst noch an witzigen Nebenhandlungen einfallen lässt.

Wie aber ist es nun mit Hunden, die niemals Gegenstände tragen oder die freiwillig gar nichts in den Fang nehmen würden?

Idee Nummer eins: Arbeiten Sie auch hier wieder mit dem Trieb, diesmal mit dem Hetztrieb. Werfen Sie einen leichten, angenehm zu tragenden Gegenstand nur wenige Meter fort vom Hund. Die meisten Hunde neigen dazu, hinterherzurennen und die Beute kurz aufzunehmen.

Ist dies nicht der Fall, können Sie es mit einem kurzen, moderaten Zerrspiel versuchen. Lassen Sie den Hund ausnahmsweise auch mal gewinnen, spielen Sie aber sofort weiter. Wenn Sie im Besitz des Spielzeugs sind, werfen Sie es plötzlich fort. Nahezu jeder Hund rennt dann hinterher und nimmt es in den Fang, weil Sie den Trieb kurzzeitig verstärkt haben. Dies ist der Moment, in dem Sie den Hund mit einem einfachen Kommsignal rufen. Den Rest trainieren Sie, wie zuvor beschrieben.

Idee Nummer zwei: Sie trainieren mit einem Futterdummy. Werfen Sie es fort, und wenn der Hund es nur kurz in den Fang nimmt, gehen Sie hin und lassen ihn sich daraus Leckerchen nehmen. Nach einigen Wiederholungen wird er es immer länger im

Fang halten und auch damit herumrennen. Rufen Sie ihn wiederum nur mit dem normalen Rufzeichen.

Idee Nummer drei: Formen Sie das Heranbringen mit einem Clicker, wenn Sie und Ihr Hund bereits mit dem Clicker arbeiten. Hierzu klicken Sie anfangs bereits den Blick zum Apportiergegenstand, dann schrittweise die Annäherung, das kurze Aufnehmen und schließlich das Heranbringen. Leider sprengt eine genaue Erklärung dieses freien Formens hier den Rahmen. Die Empfehlung für ein gutes Buch über Clickertraining finden Sie im Anhang.

Alle anfänglichen Apportierübungen sollten Sie in geschlossenen, möglichst kleinen Räumen trainieren, damit der Hund mit seiner Beute nicht das Weite suchen kann. Er soll schnell zum Erfolg kommen, indem er sich Ihnen in irgendeiner Weise nähert – auch wenn dies durch den geringen Platz eher zufällig und nicht von ihm beabsichtigt geschieht.

Wichtig ist immer nur eins: Apportieren macht Spaß!

Der Bringselverweis

Wenn unser Hund etwas gefunden hat, das zu groß und zu schwer zum Apportieren ist, können wir ihm als weitere Anzeige den

Stina verweist mit ihrem Bringsel, einem kleinen Dummy, ein Suchobjekt, das sie nicht apportieren kann. (Foto: M. Nau)

Bringselverweis beibringen. Das Bringsel ist ein Spielzeug, häufig auch ein kleines, längliches, robustes Lederdummy, das mit einer Schnur am Halsband des Hundes befestigt wird. Hat unser Hund das Suchobjekt gefunden, soll er das Bringsel in den Fang nehmen und zu seinem Menschen laufen. Anschließend führt er ihn zum gefundenen Gegenstand. Wie trainieren wir dieses?

Der Hund sollte bereits die Vokabeln *Apport*, *Such* und *Aus* kennen. Lassen Sie ihn mehrfach das Bringsel apportieren, spielen Sie mit ihm damit ein wenig und befestigen Sie es dann an sein Halsband. Nun lassen Sie ihn einen Gegenstand suchen. Wählen Sie einen kleinen Gegenstand, den Ihr Hund ansonsten immer apportiert hat – etwa ein Spielzeug oder Ihre Mütze –, und legen Sie ihn so aus, dass er ihn zwar sieht und riecht, aber gerade so nicht herankommt. Ist das Suchobjekt groß und unhandlich, wird Ihr Hund es ohnehin nicht aufnehmen können. Er wird nun herumspringen, vielleicht bellen, er wird zu Ihnen laufen, aber Sie dürfen darauf nicht reagieren. Währenddessen schlackert ihm das Bringsel am Hals und fliegt ihm um die Ohren. Da er es ja so kurz zuvor erst apportiert hat, wird er es in den Fang nehmen. Dafür loben Sie ihn unverzüglich mit dem Clicker oder dem Bestärkerwort, rufen ihn zu sich und geben ihm eine Belohnung. Sollte Ihr Hund das Bringsel auch nach mehreren Suchen nicht von allein in den Fang nehmen, gehen Sie zu ihm, sobald er das Suchobjekt gefunden hat, und lassen Sie es ihn zu Ihrem gemeinsamen Ausgangspunkt apportieren. Dort belohnen Sie ihn.

Obwohl die meisten Hunde sehr schnell verstehen, worum es beim Bringselverweisen geht, testen sie doch am Anfang noch andere Dinge aus. Wenn Ihr Hund also demnächst bereits beim Loslaufen das Bringsel im Fang hat, stoppen Sie ihn, sagen *Aus*, rufen ihn zurück und schicken ihn erneut in die Suche. Ähnlich reagieren Sie, wenn er das Bringsel apportiert, ohne etwas gefunden zu haben. Sagen Sie in ruhigem Tonfall *Aus* und schicken Sie ihn erneut los. Hunde lernen gern und sehr schnell über die Schiene „Versuch und Irrtum“. Lassen Sie es zu, zeigen Sie Ihrem Hund aber auch, wenn er sich geirrt hat.

Ist Ihr Hund so weit, dass er das Prinzip des Bringselverweisens verstanden hat, müssen Sie es in vielen unterschiedlichen Situationen und Geländen und an unterschiedlichen Suchobjekten trainieren, damit er es generalisiert und schon bald sicher und fehlerlos anzeigt.

Wer seinen Hund bei der Nasenarbeit beobachtet, kann eine Menge über ihn lernen.

Schnüffelspiele

Den alltäglichen Spaß für zwischendurch bieten kleine Schnüffelspiele. Ob draußen oder in der Wohnung, auf einem Spaziergang oder vom Sessel aus – trainieren kann man fast überall und ohne große Vorbereitungen.

Der Test für Nasenprofis

Der folgende kleine Schnüffeltest in Form einer Futterschleppe verrät Ihnen, wie Ihr Hund mit seiner Nase arbeitet. Sie sollten ihn in einfachem Gelände durchführen, auf einer kurzen Wiese oder auf Asphalt. Hier geht es nicht um perfekte Schleppenarbeit, sondern darum, zu erkennen, wie Ihr Hund seine Nase einsetzt. Wir erkennen aber auch, ob und wie er Gerüche voneinander unterscheidet.

Zeigen Sie Ihrem Hund ein Stück Fleischwurst und lassen Sie ihn daran riechen. Gehen Sie zu Ihrem Einsatzort (Ihr Hund sollte Sie nicht mehr beobachten können) und ziehen Sie mit einer Leine eine circa 20 bis 30 Meter lange Fleischwurstschleppe. Nähere Infos über Schleppen finden Sie im

Kapitel „Schleppen und Fährten“. Ans Ende legen Sie die Fleischwurst so, dass er sie erst sieht, wenn er direkt vor ihr steht. Setzen Sie Ihren Hund nun an den Anfang der Schleppe und schicken Sie ihn los. Er wird den Geruch aufnehmen, die Fleischwurst finden und sie fressen.

Direkt im Anschluss bringen Sie Ihren Hund zurück an den Ort, an dem er zuvor gewartet hat. Ziehen Sie die Fleischwurstschleppe an einem anderen Ort neu, darüber ziehen Sie eine Käse- oder Salamischleppe. Nach circa 8 Metern teilen Sie die beiden Schleppen. Verlassen Sie die alte Fleischwurstschleppe und ziehen Sie die zweite Schleppe in einem Winkel von ungefähr 90 Grad fort von der ersten. An das Ende der Fleischwurstschleppe legen Sie wiederum ein Stückchen Fleischwurst, an das Ende der Käse- oder Salamischleppe legen Sie nichts. Dann holen Sie erneut Ihren Hund, lassen ihn an der Fleischwurst riechen, setzen ihn an den Schleppenanfang und ermuntern ihn zu suchen. Verfolgt er die neue Schleppe, wird er nichts finden. Ziemlich sicher wird er jedoch wiederum der alten folgen, denn mit diesem Geruch hatte er ja schon vorher Erfolg.

Was können wir nun daraus erkennen? Sicherlich, dass unsere Hunde deutlich Gerüche voneinander unterscheiden können und dass sie denken, während sie schnüffeln. Und nicht zuletzt, dass sie schnell lernen, zumal wenn dies mit einem Erfolg am Ende der Übung verbunden ist. Vielleicht lernen Sie aber auch ein wenig über die Arbeitsweise Ihres Hundes. Beobachten Sie ihn genau, während er schnüffelt. Es wird Ihnen bei der weiteren Nasenarbeit helfen.

Futtersuchspiele

Eines der beliebtesten Suchspiele beginnt sehr einfach: das Leckerchen-Suchspiel. Nehmen Sie anfangs ein Leckerchen und lassen Sie den Hund absitzen. Zeigen Sie ihm das Leckerchen, legen Sie es einige Meter entfernt ab, gehen Sie zurück zum Hund und schicken Sie ihn mit einer ausladenden Wischbewegung Ihrer Hand los. Sagen Sie dabei in aufmunterndem Tonfall *Such*. Wiederholen Sie dies einige Male, dann legen Sie das Leckerchen so aus, dass der Hund es nicht mehr sieht. Nach wenigen weiteren Wiederholungen verstecken Sie es im Nachbarraum. Nehmen Sie anfangs große, gut sichtbare und stark duftende Leckerchen, später immer kleinere. Verstecken Sie diese so, dass sie immer schwieriger zu erschnüffeln sind: unter Teppichen, auf Stühlen, unter Kissen, auf einer Treppenstufe, hinter einer Lampe, unter einer Zeitung, zwischen zwei Handtüchern – seien Sie kreativ.

Als Nächstes zeigen Sie Ihrem Hund zwei Leckerchen, setzen ihn ab und verstecken diese. Sie werden sehen, wie schnell der Schnüffelprofi zählen lernt. Wenn Sie nur zwei oder drei Stückchen verstecken, wird er Sie bald damit überraschen, dass er nur genau diese sucht und nicht eines mehr. Wenn Sie ihn später ein wenig länger beschäftigen möchten, zeigen Sie ihm ruhig eine Handvoll. Sie wissen ja: Schnüffeln ist eine selbstbelohnende Tätigkeit. Je mehr Ihr Hund schnüffelt, desto länger möchte er weiterschnüffeln.

Die Leckerchensuche kann man sehr gut auch auf den Garten oder auf Spaziergänge

Konzentrieren Sie den Hund auf sich und seine Aufgabe, bevor Sie ihn suchen lassen.

Dann schicken Sie ihn mit einer ausladenden Bewegung Ihres Arms los.

ausdehnen. Am Anfang könnten die vielen Außenreize Ihren Hund ablenken. Gehen Sie also langsam und systematisch noch einmal genauso vor wie zu Beginn in der Wohnung. Steigern Sie den Schwierigkeitsgrad nur, wenn Ihr Hund sich konzentrieren kann und Spaß dabei hat. Üben Sie auf keinen Fall Druck auf ihn aus, weil Sie denken, dass er es ja können müsste. Nehmen Sie lieber ganz besonders gute, duftende Leckerchen für einen ganz besonders hungrigen Hund. Werfen Sie sie in hohem Bogen auf eine gemähte Wiese oder einen asphaltierten Parkplatz – kurz gesagt: Machen Sie es Ihrem Hund so einfach wie möglich. Denken Sie auch hier daran: Sobald die Leckerchen fliegen, neigt der Hund dazu, hinterherzurennen. Lassen Sie ihn also kurz warten, ehe Sie ihn mit *Such* entlassen. Kalkulieren Sie nun zusätzlich den Wind ein. Er sollte anfangs von vorn kommen, so findet der Hund leichter und lernt erst einmal, großräumig mit hoher Nase zu arbeiten. Schwieriger wird es, wenn Sie später Seiten- und vor allem Rückenwind wählen.

Dies war ein guter Einstieg in die Nasenarbeit. Ab sofort gibt es unzählige Variationsmöglichkeiten. Lassen Sie Ihren Azubi doch mal seinen Futternapf suchen, seine Kaustange, seinen gefüllten Kong® oder seine Duftröhrchen. Zeigen Sie ihm jedoch vorher immer, was genau er zu suchen hat. Sagen Sie dabei möglichst jedes Mal das gleiche Wort, zum Beispiel *Schau*. Bald wird er Ihnen auf dieses Wort hin gern seine Aufmerksamkeit schenken, weil er etwas Spannendes damit verknüpft.

Noch schwieriger machen wir es unserem Hund, wenn wir die Leckerchen, die wir ihm vorher zeigen (oder den Futternapf, den Kong®, die Duftröhrchen), in eine Dose oder Schachtel mit Löchern legen und diese Dose verstecken. Nun muss er die Dose finden und sie öffnen, bevor er an seine Leckereien gelangt.

An dieser Stelle können wir aber auch mit einer Anzeige arbeiten. Kann der Hund die Dose oder den Karton nicht öffnen oder apportieren, soll er uns das Gefundene anzeigen. Wie Sie die Anzeige trainieren, haben Sie ja bereits gelesen. Nutzen Sie am besten diejenige Anzeige, die ihr Hund Ihnen anbietet oder leicht versteht.

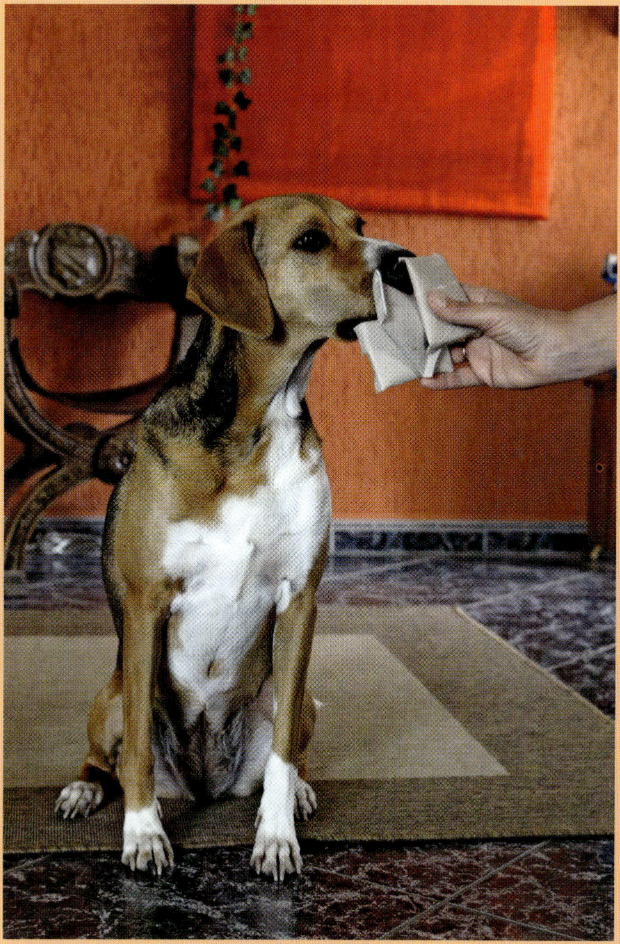

Lassen Sie den Hund kurz an den Briefchen riechen.

Leckerchenbriefe überall!

Eine weitere schöne Variation ist diese: Sammeln Sie Papprollen von Küchentüchern oder Toilettenpapier. Trainieren Sie, dass Ihr

Wählen Sie anfangs einfache Verstecke, später verstecken Sie die Rollen an ausgefallenen Orten.

Verstecken Sie ein Leckerchen unter einen von mehreren gleich aussehenden Bechern.

Hier erschnüffelt Jasper durch die Löcher am Becherboden, wo er das Leckerchen finden könnte. Ein Becher fällt im Eifer des Gefechts um, doch er konzentriert sich nur auf den Geruch.

Das riecht gut! Hier ist also das Leckerchen.

Hund Ihnen diese unversehrt bringt. Befüllen Sie mehrere Papprollen mit einem Leckerchen und knicken Sie die Ecken um, sodass die Rollen geschlossen sind. Auch diese sollte er Ihnen bringen, ohne sie selbst auszupacken. Sie öffnen sie gemeinsam und Ihr Hund bekommt den Inhalt. Das erfordert eine Menge Selbstdisziplin von jedem Hund, aber die kann ja nicht schaden. Dann verstecken Sie mehrere „Briefchen" überall im Haus: unter einem Teppich, auf einem Regal, in einer Ecke – was Ihnen auch immer einfällt. Dem Hund macht es Spaß zu suchen und uns macht es Spaß zuzuschauen, wie er nun eifrig die ganze Wohnung nach seinen Schatzbriefchen durchsucht.

Hütchenspiele – nicht verboten

Auf der Straße sind Hütchenspiele als Glücksspiele verboten. Unseren Hunden bereiten sie jedoch eine Menge Spaß. Und auf Spaß sollten wir nicht verzichten.

Auch bei Hütchenspielen kann man mit einer Anzeige arbeiten. Sichtlich mehr Spaß macht es unseren Hunden aber, wenn sie einfach nach Herzenslust suchen und die Töpfchen umwerfen dürfen, sobald sie das darunterliegende Leckerchen oder Spielzeug erschnüffelt haben.

Beginnen Sie mit zwei gleichfarbigen umgestülpten Bechern, deren Böden Löcher haben. Hier eignen sich hervorragend Kunststoffblumentöpfe. Gleichfarbig sollten sie sein, weil Hunde – wie wir zuvor bereits gelesen haben – eingeschränkt Farben erkennen können und sich nicht durch diese verleiten lassen sollen. Im fortgeschrittenen Trainingsstadium können Sie gerade dieses Farbensehen als gezielte Verleitung einbeziehen, indem Sie zum Beispiel zwei braune (für den Hund neutral) und einen blauen Becher (für den Hund farblich erkennbar) wählen.

Setzen Sie Ihren Hund zu Beginn ab und legen Sie für ihn sichtbar ein Leckerchen unter einen der beiden Becher. Dann sagen Sie *Such* und lassen ihn den Topf umwerfen und das Leckerchen nehmen. Das war natürlich noch keine richtige Suche. Es geht am Anfang nur darum, Ihrem Hund zu zeigen, was Sie eigentlich mit ihm vorhaben. Wiederholen Sie diese Übung nur zwei- oder dreimal. Danach setzen Sie ihn wieder ab, legen ein Leckerchen unter einen Becher und schieben die Becher wie bei einem Hütchenspiel hin und her, sodass Ihr Hund nicht mehr weiß, unter welchem Becher das Leckerchen nun liegt. Dann geben Sie wiederum das Kommando *Such*. Möchte der Nasenazubi nun einfach die Becher umstoßen, ohne vorher zu schnüffeln, halten Sie beide fest. Auch wenn er nun einige andere Dinge versucht, um an die Leckerchen heranzukommen: Halten Sie fest! Irgendwann wird er am richtigen Becher schnüffeln. Dann heben Sie diesen sofort hoch oder lassen ihn umwerfen und Ihr Hund darf sich das Leckerchen nehmen.

Wer die Wahl hat, hat die Qual. Welches Spielzeug soll der Hund suchen?

Wenn Ihr Hund nun das Suchobjekt sicher unter jeweils einem der beiden Becher findet, erhöhen Sie die Zahl auf drei, vier oder noch mehr.

Oder nehmen Sie doch mal Kartons als weitere Variante dieses immer wieder gern gespielten Suchspiels. Schuhkartons sind optimal. Stanzen Sie kleine Löcher in die Deckel. Verstecken können Sie nun Spielzeug, Leckerchen oder sogar den ganzen Futternapf. Sie haben die Wahl, ob Ihr Hund selbst den Deckel lüften oder eine Anzeige machen soll. Auch hier sollten die Kartons anfangs identisch sein, später können Sie den Schwierigkeitsgrad erhöhen, indem Sie die Suchobjekte in unterschiedlich aussehenden Kartons verstecken.

„Such die Ente!"

In unserem nächsten Suchspiel geht es darum, Vokabeln zu lernen und gleichzeitig die Nase einzusetzen. Unser Hund soll lernen, Spielzeuge mit ihrem Namen zu unterscheiden und diese zu suchen. Wir müssen

Und was sucht Anton?

die Spielzeuge demnach so verstecken, dass er sie mit den Augen nicht finden kann. Das wäre ja einfach – das kann jeder.

Im ersten Schritt muss der Hund also lernen, dass die Ente „Ente" heißt und der Ball „Ball".

Zeigen Sie ihm zu Beginn das erste Spielzeug, hier unsere Ente. Sagen Sie gleichzeitig *Ente* und lassen Sie ihn daran riechen. Legen Sie die Ente dann auf den Boden, zeigen Sie darauf und sagen *Such Ente*. Ihr Hund holt die Ente oder zeigt sie an und Sie loben ihn. Zeigt er kein Interesse an der Ente, wenn Sie diese nur auf den Boden legen, dann werfen Sie sie in hohem Bogen fort, lassen ihn hinterherlaufen und sagen gleichzeitig *Such Ente*. Nach einigen Wiederholungen beenden Sie die Trainingseinheit.

Im Folgenden setzen Sie den Hund ab und lassen ihn zuschauen, wie Sie die Ente verstecken. Wählen Sie schon zu diesem Zeitpunkt immer raffiniertere Verstecke. Sorgen Sie jedoch dafür, dass Ihr Hund die Ente nicht auf Anhieb sieht, sondern zum Beispiel unter einem Kissen erschnüffeln muss. Schließlich setzen Sie ihn ab und verstecken die Ente in einem anderen Raum, sodass er sie leicht findet und später immer länger suchen muss.

Ah! Seinen Futternapf.

Erst zu diesem Zeitpunkt wiederholen Sie den eben beschriebenen Trainingsweg mit einem anderen Spielzeug. Lassen Sie anfangs Ihren Hund nur dieses eine suchen. Schließlich nehmen Sie mal das eine, dann das andere, immer in Verbindung mit dem passenden Namen. Machen Sie nach etlichen Wiederholungen doch mal die Probe aufs Exempel: Verstecken Sie beide Spielzeuge gleichzeitig. Sucht Ihr Hund tatsächlich die Ente, wenn Sie ihm dies auftragen? Es kann eine Weile dauern, bis Ihr Hund die Spielzeuge namentlich voneinander unterscheidet, aber hier geht es ja nicht um schnelle Erfolge, sondern um gemeinsame Beschäftigung.

Unterscheidet er schließlich die beiden Spielzeuge, können Sie ein drittes hinzufügen. Geben Sie auch diesem einen Namen und trainieren Sie mit ihm separat, ohne die beiden bereits bekannten Spielzeuge. Hat Ihr Hund den neuen Namen gelernt, verstecken Sie alle drei Spielzeuge gleichzeitig und lassen ihn anfangs das neue suchen, später alle drei in wahlloser Reihenfolge.

Aber es wäre doch sehr schade, wenn wir unser Schnüffelass nur so unwichtige Dinge wie Spielzeuge suchen ließen. Wie wäre es denn damit, ihm zum Beispiel die Vokabel „Handschuh" beizubringen, im Folgenden vielleicht noch „Schal" und „Mütze"? Wenn Sie nun unterwegs Ihren Handschuh fallen lassen, könnten Sie einige Meter weiterlaufen, sich irgendwann umdrehen und Ihren Hund den verlorenen Gegenstand suchen lassen, indem Sie *Such Handschuh* sagen.

Eine Ente – viele Orte

Eine schöne Variante, unsere Kunststoff-Ente zu verstecken, ist folgende: Nehmen Sie die Ente und setzen Sie Ihren Hund ab. Nun gehen Sie von einem möglichen Versteck zum anderen und geben vor, die Ente dort abzulegen. Irgendwann legen Sie die Ente tatsächlich ab, tun aber weiter so, als versteckten Sie sie hier oder dort. Laufen Sie noch einige weitere Verstecke ab, gehen Sie dann erst zurück zu Ihrem Hund und schicken Sie ihn in die Suche.

Wenn Sie die Ente abgelegt haben, sollten Sie sorgfältig Ihre Körpersprache kontrollieren. Ihr Hund wird es sofort bemerken, wenn Sie zu häufig zum richtigen Versteck schauen oder sich zu sehr in eine bestimmte Richtung drehen, während Sie ihn schicken. Vielleicht machen Sie aber auch mal das Experiment und helfen ihm absichtlich mit einer Drehung Ihres Körpers oder einem deutlichen Blick in die richtige Richtung. Sie werden sehen, wie gut Ihr Hund Sie lesen kann. Schaffen Sie das auch bei ihm?

„Such die Leine!"

Das Training mit der Leine kann für manche Hunde eine therapeutische Wirkung haben. Manch ein Hund mag sie nämlich überhaupt nicht und leidet unter Stress, wenn er angeleint ist. Wenn dies bei Ihrem Hund der Fall ist, sollten Sie ihm erst recht beibringen, seine Leine auf Wortkommando zu suchen. Es wird anfangs nicht leicht werden, sie ihm schmackhaft zu machen, aber genau darum geht es ja. Arbeiten Sie mit Clicker oder Belohnungswort und ganz besonderen Leckerchen. Richten Sie über den Tag verteilt mehrere ganz kurze Trainingseinheiten ein.

Es gibt zwei sehr unterschiedliche Wege, unser Ziel zu erreichen. Der erste basiert auf dem freien Formen mithilfe unseres sekundären Bestärkers, der zweite nutzt den Beutetrieb des Hundes.

Schicken Sie den Hund mit einer weit ausholenden Wischbewegung auf Leinensuche. Diese Geste sollten Sie immer nutzen, wenn er ein Gelände absuchen soll.

Für das freie Formen legen Sie die Leine auf den Boden und belohnen anfangs jeden Blick Ihres Hundes zu ihr mit einem Klick oder Bestärkerwort. Allmählich wird er nun immer näher herangehen, die Leine beschnüffeln, sie eventuell sogar mit den Pfoten oder der Nase berühren. Belohnen Sie jeden zusätzlichen Schritt, der Sie Ihrem Ziel näher bringt. Haben Sie Geduld, lassen Sie Ihrem Hund Zeit. Irgendwann wird er zum ersten Mal vorsichtig oder spielerisch die Leine in den Fang nehmen. Nun bekommt er einen Jackpot und Sie beenden die Übung. Dieses Training sollten Sie in kurzen, regelmäßigen Einheiten wiederholen.

Das Training über den Trieb bringt uns meistens schneller voran. Hierzu sollten Sie die Leine zu einem Knäuel zusammenknoten, damit der Hund sie besser tragen kann. Wecken Sie das Interesse des zukünftigen Leinenapporteurs, indem Sie das Knäuel vor seiner Nase hin und her wedeln, dann werfen Sie es (nicht zu weit) fort. Ermutigen Sie ihn, sofort hinterherzulaufen. Standruhe ist hier nicht gefragt, sondern erst einmal großer Spaß. Die meisten Hunde rennen sofort los und fassen die Leine reflexartig. Warten Sie nun nicht, bis Ihr Hund beginnt, darüber nachzudenken, was er mit diesem Gebilde machen soll, sondern gehen Sie in die Hocke und rufen Sie ihn sofort mit *Komm* oder *Hier* zu sich.

Die Vokabel fürs Leinebringen führen Sie bei beiden Übungsvarianten erst ein, wenn Ihr Hund sicher bringt. Nutzen Sie hierfür gern das Wort, das er bereits als Vokabel fürs Bringen kennt, und fügen Sie *Leine* hinzu, also zum Beispiel *Such die Leine* oder *Apport Leine*.

Ob Sie die erste oder zweite Trainingsmethode wählen, hängt von Ihrem Geschmack ab, aber auch vom Typ Ihres Hundes. Wenn er einen geringen Hetz- oder Beutetrieb hat oder nicht gern apportiert, dann könnte der erste Weg der bessere sein. Ansonsten kommen Sie mit dem zweiten schneller ans Ziel. Probieren Sie es einfach aus.

Sie werden sehen, dass sich Ihr Hund nach einiger Zeit an der Leine wesentlich wohler fühlt und sich daher an ihr auch besser benimmt. Ich kenne nicht nur einen notorischen Leinenzieher und Leinenrambo, der nur durch dieses Training zu einem normalen Leinengeher wurde. Dies ist immer dann möglich, wenn die Ursache ausschließlich darin liegt, dass der Hund – aus welchen Gründen auch immer – die Leine sehr negativ empfindet. Sagen Sie ihm stattdessen ab sofort: Die Leine ist unser größter Spaßfaktor!

Von Wäschekörben und Koffern

Viele interessante Suchaufgaben ergeben sich, wenn wir einen Koffer oder einen Wäschekorb mit Textilien füllen und unter diesen ein Spielzeug oder Leckerchen verstecken. Auch hier haben die Augen keine Chance: Unser Schnüffelprofi muss schnüffeln. Wenn er seine Nase in die Wäsche stupst, können wir beobachten, wie er riecht, gleichzeitig denkt und seine Nase zum Sortieren benutzt. Von allen Nasenspielen besitzt dieses für die meisten Hunde den größten Spaßfaktor.

Beginnen Sie auch hier damit, dass Sie Ihrem Hund anfangs den Gegenstand zeigen, den er suchen soll. Nutzen Sie die Gelegenheit, ihn abzusetzen oder abzulegen – also Impulskontrolle einzuüben – und ihm die Vokabel *Riech* beizubringen. Sagen Sie einfach *Riech*, während er den Gegenstand beschnüffelt. Dann verstecken Sie diesen vor seinen Augen, wuscheln alles im Koffer oder Korb durcheinander, gehen zu ihm zurück und schicken ihn mit Ihrer inzwischen üblichen Wischbewegung mit der Hand und dem Wort *Such* in die Suche.

Eine schöne Alternative zu diesem Spiel bieten Socken. Wie oft geschieht es, dass man sicher ist, beide Socken eines Paares in die Waschmaschine gegeben zu haben – und aus unerklärlichen Gründen kommt nur eine davon wieder heraus? Wir sind der Meinung: Auch Singlesocken haben eine sinnvolle Lebensaufgabe verdient. Füllen Sie eine der vielen für diese Aufgabe auserwählten Socken mit einem Leckerchen oder einem Spielzeug, verstecken Sie die Socke zwischen den vielen anderen Socken und schicken Sie Ihren Hund in die Suche. Hat er die richtige Socke gefunden, muss er seine Beute auch noch herausfischen.

Achten Sie bei diesem Spiel bitte unbedingt darauf, dass besonders hungrige Hunde nicht die ganze Socke verschlucken, wenn ein Leckerchen darin versteckt ist. Je kleiner die Socken sind, desto eher könnte einer dieser stets kurz vor dem Verhungern stehenden Vierbeiner auf die Idee kommen. Bleiben Sie also bei Ihrem Hund und passen Sie vor allem anfangs genau auf, was er mit der Socke anstellt. Notfalls sind Sie ja in der Nähe und können eingreifen.

Geruchsunterscheidung

Geruchsunterscheidung bedeutet, dass Sie Ihrem Hund zum Beispiel beibringen, *den einen* Gegenstand herauszufinden, den Sie in der Hand hatten. Oder Tee von Kaffee zu unterscheiden oder anzuzeigen, ob ein bestimmter Geruch vorhanden ist oder nicht. Schimmelpilzsuchhunde arbeiten zum Beispiel in dieser Sparte oder Polizei- und Zollhunde.

Bisher suchte unser Hund mit seiner Nase das, was er vorher gesehen hat. Er hat also mit den Augen *und* der Nase gearbeitet. Nun soll er lernen, das zu suchen, dessen Geruch er zuvor aufgenommen hat. Ab sofort arbeitet er also nur noch mit der Nase. Wenn er an einem Gegenstand riecht, nimmt er viele unterschiedliche Gerüche auf. Nun muss er eine gedankliche Meisterleistung vollbringen: Er soll sich die Gerüche merken. Im zweiten Schritt schnüffelt er an einem ganz anderen Gegenstand und vergleicht die Gerüche beider Gegenstände. Gibt es Übereinstimmungen, soll er diesen zweiten Gegenstand bringen oder anzeigen.

Duftröhrchen

Duftröhrchen sind kleine weiße Röhrchen aus hartem Kunststoff, die mit Löchern versehen sind, aus denen die schönsten Düfte quillen. Sie werden befüllt mit Leckerchen

Duftröhrchen

oder mit anderen Dingen, deren Geruch es zu erschnüffeln gilt. (Bezugsquellen für die Duftröhrchen finden Sie auf Seite 77)

Zwar könnte man den Hund das „richtige“ unter verschiedenen Duftröhrchen auch anzeigen lassen, doch bieten sich viel mehr Verwendungsmöglichkeiten, wenn er es zu apportieren lernt. So kann man es zum Beispiel auch statt eines Futterdummys oder eines Spielzeugs nutzen, wenn man es in ein Gebüsch wirft oder es heimlich im hohen Gras versteckt und den Hund dann suchen lässt. Der Hund kommt selbstständig – ohne unsere Hilfe – nicht an die Geruchsproben. Zudem werden die Röhrchen durch sorgfältiges Ausspülen auch nach etlichem Gebrauch nahezu geruchsneutral.

Die Duftröhrchensuche

Wie beim Futterbeutelapport könnte es zu Beginn auch mit den Duftröhrchen ein kleines Problem mit dem Zurückbringen geben, weil der Hund eventuell versucht, das Röhrchen für sich zu behalten und es selbstständig zu öffnen.

Ein guter Einstieg in die Arbeit mit Duftröhrchen ist dieses Training: Geben Sie ein Leckerchen in ein Röhrchen. Lassen Sie den Hund dabei zusehen und sagen Sie *Riech*, während Sie es ihm vor die Nase halten. Diesen speziellen Trainingsschritt benötigen wir später für die Geruchsunterscheidung.

Nun lassen Sie ihn zusehen, wenn Sie es verstecken. Dann gehen Sie zurück zum Hund und sagen *Such*. Unterstützen Sie das Wort *Such* mit einer ausladenden und aufmunternden Geste mit der Hand. Wenn Ihr Hund das Röhrchen gefunden und in den Fang genommen hat, gehen Sie in die Hocke und rufen ihn. Er sollte es Ihnen bringen. Tut er dies nicht, bleiben Sie nun freundlich und gehen zu ihm, öffnen das Röhrchen und geben ihm das Leckerchen. Versucht er selbst, das Röhrchen zu öffnen, wird er dies nicht schaffen, denn der Deckel verschließt es dicht. Lassen Sie es ihn ruhig kurz versuchen (aber nicht zu lang – wer weiß, ob ein Schlaumeier es nicht trotzdem schafft), dann helfen Sie ihm. Er wird schnell verstehen, dass er ohne Sie nicht an das Leckerchen kommt.

Nun ergeben sich unendlich viele Möglichkeiten, Ihren Hund im Haus und draußen mit den Duftröhrchen zu beschäftigen. Sie können sie für Standruheübungen nutzen, indem Sie sie werfen, Ihren Hund zuerst ein wenig warten und dann holen lassen. Oder Sie verstecken mehrere Röhrchen und schicken Ihren Hund mehrfach hintereinander in die Suche. Sie können dann entweder jedes gebrachte Röhrchen zur Belohnung sofort öffnen oder warten, bis er sie alle geholt hat, sich mit ihm auf den Boden setzen und aus dem „Auspacken“ eine kleine Zeremonie machen.

Die Duftröhrchen-Geruchsunterscheidung

Duftröhrchen bieten auch einen perfekten Einstieg in die Geruchsunterscheidung für Neustarter. Mit ihrer Hilfe verstehen Hunde schnell, worum es uns bei der Geruchsunterscheidung eigentlich geht.

Sie benötigen anfangs zwei Röhrchen. In das eine geben Sie ein sehr stark duftendes Leckerchen, das andere bleibt leer. Lassen

Sie den Hund an dem gefüllten Duftröhrchen riechen und sagen Sie gleichzeitig *Riech*. Das leere Duftröhrchen halten Sie weit genug entfernt von ihm und lassen ihn auf keinen Fall daran schnüffeln. Setzen Sie Ihren Hund ins *Sitz*.

Nun legen Sie gut sichtbar beide Duftröhrchen nicht zu weit entfernt aus. Ihr Hund soll Ihnen dabei zusehen. Gehen Sie zurück zum Hund, stellen Sie sich neben ihn und sagen Sie mit leiser, anspornender Stimme und ausladender Armgeste *Such*.

Wenn unser Nasenprofi nun am richtigen Röhrchen schnüffelt, belohnen Sie ihn mit dem Clicker oder dem Bestärkerwort und fordern ihn zum Bringen auf. Das haben Sie ja bereits trainiert und er weiß sofort, was Sie meinen. Bringt er Ihnen das Röhrchen, öffnen Sie es unverzüglich und geben ihm das Leckerchen daraus. Lassen Sie ihn auf keinen Fall das leere Röhrchen bringen, sondern holen Sie dieses selbst. Sie möchten Ihren Hund ja nicht verwirren.

Selbstverständlich können Sie sich von Ihrem Hund das richtige Röhrchen auch anzeigen statt bringen lassen. Dann sollten Sie aber immer darauf achten, dass die Röhrchen weit genug auseinanderliegen, damit die Anzeige auch deutlich ist.

Hat Ihr Hund nach einigen Wiederholungen gelernt, dass es darum geht, das nach Leckerchen duftende Röhrchen zu holen, fügen Sie ein weiteres leeres Röhrchen hinzu. Nun erst wird es für den Hund schwierig. Ziemlich sicher benötigt er noch einige Wiederholungen, bis er versteht, dass er auch dieses Mal immer das gefüllte Duftröhrchen herausschnüffeln muss. Der Grund ist einfach: Hunde lernen situationsbedingt und generalisieren nicht so schnell wie wir Menschen. Erst wenn Ihr Hund die Übung mit drei Röhrchen beherrscht, sollten Sie ein weiteres hinzufügen. Oder besser noch: Wählen Sie zunächst einmal weniger intensiv duftende Leckerchen. Klappt die Geruchsunterscheidung auch damit, wird im nächsten Schritt die Anzahl der Duftröhrchen erhöht. Unser Hund soll ja lernen, sich auch auf weniger starke Gerüche zu konzentrieren.

Hat Ihr Hund Spaß an der Suche gefunden, ist es Zeit für eine neue Herausforderung. Nehmen Sie erst mal wieder nur zwei Röhrchen. Das eine sollte leer sein und neutral duften, das zweite füllen Sie mit Dingen wie Nudeln, Reis, Haselnüssen oder einem Stofffetzen, der mit einem Duftstoff getränkt wurde. Lassen Sie Ihren Hund mit *Riech* an dem gefüllten Röhrchen schnuppern und legen Sie beide Röhrchen nebeneinander auf den Boden. Belohnen Sie Ihren Hund anfangs wieder mit dem Clicker oder Bestärkerwort, wenn er an dem richtigen Röhrchen schnüffelt, später lassen Sie ihn selbst entscheiden, welches das richtige ist.

Wenn Sie von nun an mit unterschiedlichen Stoffen und Düften trainieren, werden Ihnen unzählige Trainings- und Variationsmöglichkeiten einfallen. Denken Sie jedoch daran, dass es Düfte gibt, die ein Hund nicht so gerne riecht, und andere, die er wunderbar findet. Immer dann, wenn Sie den Eindruck haben, Ihr Trainingspartner versteht die Übung nicht oder findet den Duft nicht, besteht eine realistische Möglichkeit, dass er nur ausweichendes Verhalten zeigt, weil ihm

Frauchen lässt Lenny am gefüllten Duftröhrchen schnüffeln. Er nimmt den Geruch auf und merkt ihn sich.

Dann muss er sitzen bleiben und zusehen, während die Röhrchen ausgelegt werden.

Erst auf Kommando darf Lenny loslaufen.

Konzentriert sucht er nach dem Röhrchen.

Er bringt es zurück und erhält daraus seine Belohnung.

Schlüsselbund verloren! Mit Riech *nimmt Mary Frauchens Geruch an ihrer Hand auf.*

Mit Such *beginnt Mary die Suche nach dem Schlüsselbund …*

… und findet ihn am Wegrand …

… um ihn sofort zu Frauchen zurückzubringen.

der Duft unangenehm ist. Häufig sind dies sehr starke Düfte wie Parfums oder Kaffee. Dagegen gehören nahezu alle Lebensmittel, Gewürze wie Anis oder Zucker zu den beliebtesten Suchobjekten. Manchmal hat ein Hund aber auch nur eine persönliche Vorliebe oder Aversion, sodass Sie den Duft probeweise austauschen sollten, um zu erkennen, ob er die Übung verstanden hat oder ob er dem Duft ausweichen möchte.

Handschuh verloren? Kein Problem!

Aus der Geruchsunterscheidung ergeben sich viele spannende Aufgabenstellungen. Ob im Haus oder in freier Natur, wir können unseren Hund überall irgendetwas suchen lassen. Unser Hund lernt jedoch einen ganz neuen Arbeitsweg kennen. Statt ihm einen Gegenstand, den er aufspüren soll, mit Namen zu benennen, lassen wir ihn nun eine Geruchsprobe unserer Hand nehmen. Er soll lernen, den Gegenstand zu suchen, der nach unserer Hand riecht.

Nehmen wir zum Beispiel einen Handschuh. Lassen Sie Ihren Hund absitzen und dann an Ihrer Hand schnüffeln. Sagen Sie dabei *Riech*. Er soll sich Ihren persönlichen Geruch einprägen. Legen Sie den Handschuh für den Hund sichtbar in nicht zu weiter Entfernung aus, zeigen Sie mit einer weit ausladenden und wischenden Geste mit dem Arm grob in die Richtung des Handschuhs und sagen Sie *Such*. Vielleicht ist dies die erste Suchübung, die Sie mit Ihrem Hund machen, und er läuft nicht los, sondern schaut Sie nur verständnislos an? Dann gehen Sie einige Schritte auf den Handschuh zu und wiederholen Wort- und Sichtzeichen in aufmunterndem Tonfall. Nun kann Ihr Hund Ihnen entweder den Handschuh bringen, wenn er bereits apportieren kann, oder Sie wählen eine Anzeige.

Wiederholen Sie diesen Schritt mehrmals. Lassen Sie Ihren Hund jedes Mal vorher an Ihrer Hand riechen. Legen Sie den Handschuh zunehmend weiter entfernt ab, bis sie ihn schließlich verstecken. Auch hierbei sollten Sie Ihren Hund noch einige Male zuschauen lassen, damit seine Sicherheit nun wächst. Schließlich verstecken Sie den Handschuh in seiner Abwesenheit. Nun weiß er genau, was er zu tun hat. Allerdings hat er erst mal nur gelernt, Ihren Handschuh zu suchen. Diesen Arbeitsgang müssen wir generalisieren.

Wählen Sie nun weitere persönliche Gegenstände aus. Dies könnte ein Halstuch sein, ein Schuh, die Hundeleine oder Ihr Schlüsselbund. Viele Hunde nehmen allerdings ungern Metallgegenstände in den Fang. Befestigen Sie an dem Schlüsselbund also lieber ein kleines Stofftier oder einen kleinen Gegenstand, den Ihr Hund bereits gerne trägt. Bevor Sie mit ihm das Training für die Geruchsunterscheidung starten, lassen Sie ihn zuerst den Schlüsselbund tragen, damit er sich an das Geräusch und das Pendeln der Schlüssel gewöhnt. Dann kann es losgehen. Wiederholen Sie das *Riech-Such*-Ritual einige Male.

Nun können Sie die bereits bekannten Gegenstände auf Spaziergängen „verlieren“.

Fijari nimmt den Geruch eines Tannenzapfens auf, während Herrchen ihn in der Hand hält.

Sie wird in die Suche geschickt, nachdem der Tannenzapfen heimlich zwischen die anderen gelegt wurde.

Nun soll sie den Zapfen erschnüffeln, dessen Geruch sie zuvor aufgenommen hat.

Ein Tannenzapfen unter vielen

Die Natur bietet uns viele Möglichkeiten, Spaziergänge interessanter zu gestalten. Blätter oder Tannenzapfen sehen stets annähernd gleich aus, wenn sie nebeneinanderliegen. Damit eignen sie sich hervorragend für Nasenspiele. Allen Hunden macht es Spaß, den einen herauszusuchen, der anders riecht als die anderen. Nehmen Sie einen der vielen auf dem Boden liegenden Zapfen fest in die Hand. Lassen Sie Ihren Schnüffelkünstler daran riechen und sagen Sie *Riech*. Lenken Sie den Hund nun kurz ab, damit er in eine andere Richtung schaut, und werfen Sie währenddessen den Tannenzapfen wieder zu den anderen auf den Boden. Dann sagen Sie *Such* und lassen ihn suchen. Merken Sie sich gut, welches der richtige Zapfen ist, damit Sie anfangs sofort loben können, wenn er an ihm schnüffelt. Nach einigen Wiederholungen lassen Sie den Hund allein arbeiten.

Fürs Bringen gibt es dann ein Leckerchen. Arbeiten Sie mit einer Anzeige statt mit dem Apportieren, macht es bei dieser Übung keinen Sinn, das Absitzen als Anzeige zu nehmen. Vielleicht trainieren Sie ein deutliches Anstupsen mit dem besten Stück Ihres Schnüffelprofis: mit seiner Nase.

Das Gleiche können Sie natürlich auch mit Blättern, mit Eicheln oder anderen gleich aussehenden Gegenständen trainieren. Nicht gut eignen sich Steine, weil sie schlecht für die Zähne sind und manche Hunde dazu neigen, Steine hinunterzuschlucken.

„Such den Zwilling!"

Eine Aufgabe, die nicht viel Aufwand erfordert, ist folgende: Tränken Sie zwei Tücher – es bieten sich einfache Papiertaschentücher an – mit demselben Duft. Ihr Hund soll nun lernen, auch das zweite, versteckte Tuch zu suchen, nachdem Sie ihn am ersten haben schnüffeln lassen.

Der Trainingsweg ist auch hier einfach und logisch aufgebaut. Nehmen Sie beide Tücher in die Hand. Lassen Sie den Hund am ersten mit dem Kommando *Riech* den Geruch aufnehmen. Dann lassen Sie den Hund absitzen und legen das zweite Tuch sichtig aus, das heißt, Ihr Hund soll zuschauen, wohin Sie es legen. Nehmen Sie das erste hinter Ihren Rücken. Wenn Sie zu sehr damit herumfuchteln, interessiert sich Ihr Hund mehr für dieses als für das ausgelegte. Dann schicken Sie ihn wiederum mit weit ausladender Armgeste und dem Wort *Such* los. Der Hund kann nun das Tuch apportieren oder anzeigen.

Belohnen Sie anfangs mit einem Bestärkerwort oder mit dem Clicker, sobald der Hund das Tuch mit seiner Nase berührt.

Für diese Übung stehen unzählig viele Düfte zur Verfügung. Denken Sie aber daran, dass nicht jeder Hund alle Düfte angenehm findet. Manche in Parfum getränkte Tücher wird er vielleicht nicht aufnehmen oder beim Suchen ignorieren, ein in Würstchenwasser getränktes könnte er sogar verschlingen. Passen Sie die Düfte also Ihrem Hund an.

Nach einigen Wiederholungen des ersten Schritts legen Sie das zu suchende Tuch außer Sichtweite des Hundes ab, lassen ihn beim Verstecken aber zuschauen. Dann schicken Sie ihn in die Suche.

Ein paar Übungseinheiten später legen Sie das duftende Tuch schon vor Trainingsbeginn aus, lassen Ihren Hund an dem zweiten Tuch mit der Duftprobe schnüffeln und schicken ihn in die Suche.

Fortgeschrittene Taschentuchschnüffler können schließlich mit zwei ausgelegten Tüchern weiterarbeiten. Das eine duftet, das andere nicht. Belohnen Sie Ihren Hund zu Beginn, sobald er am richtigen Tuch – dem duftenden – schnüffelt.

Und noch weitere Steigerungen sind möglich. Tränken Sie entweder nur ein Tuch und legen Sie zu diesem mehrere ungetränkte aus. Oder tränken Sie mehrere Tücher und verstecken Sie diese gleichzeitig mit ungetränkten. Der Hund soll nun alle Tücher heraussuchen, die so riechen wie die Duftprobe, die er vorher von Ihnen bekommen hat. Legen Sie die Tücher zu Beginn nebeneinander, später können Sie sie in einem größeren Gebiet verstecken, das der Hund durchsuchen muss.

Der Diensthund für Allergiker

Sind Sie Allergiker? Oder ist es vielleicht eines Ihrer Familienmitglieder? Auch wenn man es kaum glauben mag: Nahezu jeder Hund könnte einem Lebensmittelallergiker anzeigen, ob der Allergie auslösende Stoff in einem Lebensmittel vorhanden ist. Sehr häufig lösen Äpfel, Erdbeeren oder Nüsse schlimme allergische Reaktionen aus. Es liegt also gar nicht so fern, die einmalig gute Nase unseres regelmäßigen vierbeinigen Begleiters zu nutzen und ihn zu unserem Servicehund auszubilden.

Nehmen wir das Beispiel Nüsse. Unser Ziel ist es, dass wir unserem Hund das Nahrungsmittel, das wir zu essen beabsichtigen, hinhalten können und er es darauf untersucht, ob es Nüsse oder Spuren von Nüssen enthält.

Füllen Sie dazu ein Schälchen oder ein Duftröhrchen mit Nüssen und gleichzeitig ein anderes mit einem anderen Lebensmittel, das auf keinen Fall Nüsse enthält. Wenn Sie ein Schälchen benutzen, decken Sie es am besten mit einer durchlöcherten Folie ab, damit der Hund den Geruch zwar aufnehmen, aber nichts essen kann. Schicken Sie Ihren Hund mit einem Wortkommando wie zum Beispiel *Such Nüsse* los und lassen Sie ihn an beiden Gefäßen schnüffeln. Riecht er an den Nüssen, belohnen Sie ihn sofort mit dem Clicker oder Bestärker, danach gibt es ein Leckerchen. Ihr Hund wird sehr schnell merken: Es lohnt sich, an den Nüssen zu schnüffeln.

Im zweiten Schritt wählen Sie Nüsse einerseits und verschiedene andere Lebensmittel

Anton riecht am Plätzchen und …

… legt sich hin. Damit zeigt er an, dass es Nüsse enthält.

andererseits, an denen Ihr Hund nun schnüffeln soll. Immer wird die Geruchsaufnahme an den Nüssen belohnt.

Nun soll unser zukünftiger Lebensretter eine sinnvolle Anzeige erlernen. Dies wäre zum Beispiel Hinsetzen. Das ist eine deutliche Geste und stört auch später im Restaurant nicht. Bisher haben wir darauf geachtet, dass unser Hund während des Trainings stand. Lassen Sie ihn nun wieder an den Nüssen schnüffeln und sagen Sie *Sitz*. Beginnen Sie erneut mit einem einzigen anderen Geruch, dann mit mehreren. Immer wieder sagen Sie freundlich *Sitz*, während er an den Nüssen riecht.

Hat Ihr Hund dies verstanden, präsentieren Sie ihm gleichzeitig ein Lebensmittel, das Nüsse enthält, wie zum Beispiel Nusskuchen, und ein anderes, das keine Nüsse enthält. Man könnte hier Zitronenkuchen nehmen. Trainieren Sie ganz genauso wie bisher. Ändern Sie nichts an den bereits eingeführten Ritualen. Arbeitet Ihr Hund fehlerfrei, nutzen Sie nun viele andere, unterschiedliche Lebensmittel mit und ohne Nüsse zum Training.

Achtung: Gehen Sie nicht zu schnell und sehr systematisch voran. Machen Sie keine zu großen Trainingssprünge. Arbeiten Sie ruhig und stressfrei, am besten anfangs allein mit Ihrem Hund, damit er sich gut konzentrieren kann. Denken Sie daran, dass es hier nicht nur um eine Freizeitbeschäftigung geht, sondern Sie einen Helfer ausbilden, der demnächst womöglich auch dafür verantwortlich ist, ob es Ihnen oder Ihrem Familienmitglied gut geht. Sie werden sehen, die Beziehung zwischen Ihnen und Ihrem Hund wird noch besser als bisher, denn Sie arbeiten gemeinsam an einem wichtigen Projekt.

Freie Verlorensuche

Die sogenannte „großräumige Suche“ oder „Freie Verlorensuche“ kennen wir aus der Rettungshundearbeit und aus dem jagdlichen Bereich. Rettungshunde suchen in der Flächensuche vermisste Menschen, Jagdhunde verletztes oder totes Wild. Im Kapitel über Schnüffelspiele ähnelt die Suche nach Spielzeugen oder Leckerchen bereits einer Freien Verlorensuche, ist aber eher spielerisch ausgerichtet. In diesem Kapitel wollen wir unserem Hund beibringen, mehrere Gegenstände der gleichen Art selbstständig in einem bestimmten Gebiet zu suchen. In gewisser Hinsicht imitieren wir eine Jagd, so wie sie Jagdhund und Jäger häufig gemeinsam unternehmen.

Es macht Sinn, dass wir Gegenstände wählen, die unser Hund uns bringen soll, wenn er sie gefunden hat. Auf diese Weise wird sein Jagdtrieb in allen seinen Sequenzen bis zum Bringen der Beute ausgelastet. Aber auch weniger jagdtriebige Hunde tragen ihre gefundenen Gegenstände gern umher, weil sie auf diese Weise ihren Erfolg genießen.

Diese Schnüffeldisziplin eignet sich hervorragend für eine sehr langwierige, eigentlich sogar lebenslange Beschäftigungsmöglichkeit. Wir sollten sie systematisch und mit einem logischen Aufbau trainieren, dann erleben Hund und Mensch Spaß und Spannung gleichermaßen.

Was man alles suchen kann

Was aber könnte der Hund suchen? Wir nutzen am liebsten Dummys. Dies sind mit Granulat gefüllte Baumwollsäckchen, die bis zu einem Gewicht von 500 Gramm gewöhnlich auch noch schwimmfähig sind. Es gibt sie in unterschiedlichen Größen und mit unterschiedlichem Gewicht. Man könnte auch diesmal wieder Spielzeuge nutzen (auch hier rate ich zu Gegenständen, die etwas gemeinsam haben, zum Beispiel mehrere Plüschtiere, Futterbeutel oder Duftröhrchen).

Ist das Ziel, im Zuge eines Antijagdtrainings Ihrem jagdtriebigen Hund einen Ersatz für seine Jagd nach dem Wild zu bieten, kann man im Notfall auch auf Wildersatz, wie zum Beispiel Hasenfelldummys oder Wildgerüche, zurückgreifen. In diesem Fall würde ich aber immer versuchen, den Hund so zügig wie möglich zu „normalen“ Dummys zurückzutrainieren.

Gerade Dummys bieten eine gute Möglichkeit zu entscheiden, ob der Hund ausschließlich mit der Nase arbeiten soll oder Hilfestellung durch seine Augen bekommt, um schneller ans Ziel zu gelangen. Dies ist unter Umständen bei Hunden mit geringem Trieb, großer Wildpassion oder großer Sensibilität der Fall. Wählen wir nämlich blaugrüne

Auch wenn Sie das Suchtraining mit Wildersatz und Wildgerüchen beginnen, versuchen Sie auf jeden Fall, Ihrem Hund so schnell wie möglich andere Suchgegenstände schmackhaft zu machen.

Dummys, sieht der Hund sie besser, lernt auch mit den Augen zu suchen und findet daher schneller. Seine Motivation steigt. Orangefarbene und olivgrüne Dummys dagegen sind für ihn nahezu unsichtbar – er muss seine Nase einsetzen –, vor allem die orangefarbenen finden wir im Gegensatz zu unserem Hund schnell und können uns daher auch mal als die besseren Jäger profilieren. Dies wäre bei dem einen oder anderen selbstbewussten Hund von großem Vorteil. Es könnte aber auch wichtig sein, dem Hund im Suchgelände zu helfen, um zusätzliches Vertrauen aufzubauen.

Das Gleiche gilt natürlich auch für andere Suchobjekte: Die Farbe spielt eine wichtige Rolle.

Manche sehr jagdtriebigen Hunde interessieren sich leider nicht für Spielzeuge oder einfache Standarddummys, sobald sie sich draußen in freier Natur befinden. Zu ihnen kann man manchmal nur über einen Wildersatz einen Weg finden. Erlaubt ist, was Erfolg bringt. Achten Sie nur darauf, dass Sie in solch einem Fall dem Wildersatz schnell Gehorsamkeits- und Impulskontrollübungen zur Seite stellen, damit Sie den Jagdtrieb Ihres Hundes im Training nicht so hoch treiben, dass er gleich nach der Trainingseinheit seine Privatjagd anbläst. Sicherheitshalber sollten wir in diesem Fall mit unserem Hund den Rückweg angeleint antreten.

Jasper macht die Suche nach dem Hasenfelldummy großen Spaß. Kombinieren Sie die Arbeit mit Wildersatz immer mit Gehorsamkeits- und Impulskontrollübungen, damit Ihr Hund demnächst nicht, oder vielleicht auch nicht mehr, echtem Wild nachstellt.

Wir suchen im Gelände

Wenn wir in der freien Natur trainieren, müssen wir einige Dinge einberechnen. Je nach Ausbildungsstand unseres Hundes können wir ein sehr einfaches Gelände wählen oder ein schwieriges, mit unterschiedlichem Bewuchs und schwer zugänglichen Stellen. In schwierigem, unübersichtlichem Gelände sollte der Hund immer ohne Leine, Halsband oder Geschirr arbeiten, damit er sich nicht verletzt oder durch Verheddern der Leine eine negative Erfahrung macht.

Auch die Witterung spielt eine sehr große Rolle, wenn wir in der Natur suchen. Sämtliche Wetterextreme erschweren dem Hund das Suchen. Egal, ob es heiß ist oder stark regnet, Schnee liegt oder ein starker Wind weht – für fortgeschrittene Hunde wird dies zwar eine große Herausforderung sein, unerfahrene Anfängerhunde werden jedoch sehr schnell demotiviert, wenn sie ihre Suchgegenstände nicht zügig finden oder diese so nass und schmutzig sind, dass sie sie nicht aufnehmen möchten. Natürlich sollten wir mit der Zeit diese kleinen Zierereien wegtrainieren, dies aber über Motivation und Spaß und vor allem als separate Trainingseinheit.

Und noch eines ist wichtig: Nicht überall ist man gern gesehen, wenn man großflächig seine Suchgegenstände auslegt und der Hund anschließend durch die Landschaft braust. Vor allem, wenn Sie mit Wildersatz arbeiten, sollten Sie sich die Erlaubnis des Grundbesitzers und des Jagdpächters einholen, falls es einen gibt. Denken Sie auch daran, dass Sie nicht in jeder Jahreszeit in jedem Gebiet trainieren sollten und auch nicht dürfen. In

Wählen Sie für die Suche ein abwechslungsreiches Gelände, dessen Schwierigkeitsgrad dem Trainingsstand Ihres Hundes angepasst ist.

vielen Gebieten gibt es einen gesetzlichen Anleinzwang während der Brut- und Setzzeit. Bitte respektieren Sie das. Es gibt genug andere Gelände und Möglichkeiten, Ihrem Hund ganzjährig diesen Suchspaß zu gönnen. Warum sollte man andere Menschen und Tiere also grundlos verärgern?

Wichtig zu wissen:

- Wenn Sie mehrere Suchgegenstände gleichzeitig benutzen, sollten diese gleichwertig sein und sich ähneln.
- Wählen Sie das zum Ausbildungsstand Ihres Hundes passende Gelände.
- Lassen Sie Ihren Hund niemals in unübersichtlichem oder schwierigem Gelände mit Halsband und Leine arbeiten.
- Achten Sie auf die richtige Windrichtung.
- Kalkulieren Sie die Witterung ein.

Vom Lehrling zum Suchgesellen

Wir starten mit einer sehr einfachen Übung. Hierbei geht es uns erst einmal ums Vokabellernen. Unser Hund soll das Hör- und Sichtzeichen für die Freie Verlorensuche kennenlernen. Das Wort *Such* und eine weit ausladende Geste mit dem Arm sind die gebräuchlichsten Starthilfen für diese spezielle Sucharbeit. Nehmen wir sie hier als Beispiel. Als Suchgegenstände wählen wir Dummys.

Machen Sie den Hund anfangs immer zuerst mit dem Suchgegenstand bekannt. Er sollte ihn gern tragen. Ist dies nicht der Fall, bauen Sie vor dieser Suchaufgabe das Apportieren auf. Wie dies mit viel Spaß, aber auch mit System zu trainieren ist, lesen Sie bei Bedarf weiter vorn noch einmal nach.

Für die erste Freie Verlorensuche setzen Sie Ihren Hund an den Rand eines kleinen, nicht zu hoch bewachsenen Suchgebiets. Dies könnte auch Ihr Garten sein oder eine Rasenfläche in einem Park. Nehmen Sie ein einziges Dummy und legen Sie es sichtig aus. Sieht er es auch noch im Gras liegen, ist das für den Anfang nicht schlimm, aber auch nicht unbedingt notwendig. Dann stellen Sie sich neben Ihren Hund, warten kurz und schicken ihn mit einem aufmunternden *Such* und Ihrem nach vorn ausholenden Arm in die Suche. Warten Sie unbedingt drei oder vier Sekunden, bevor Sie ihn losschicken, damit Sie Spannung aufbauen und gleichzeitig die Impulskontrolle trainieren. Wie immer geht es auch in dieser Situation darum, dass Ihr Hund lernt, zu warten, bis Sie ihm den Einsatz geben.

Wiederholen Sie diese Übung mehrfach in unterschiedlichen Gebieten. Gehen Sie aber schon nach wenigen Wiederholungen dazu über, die Dummys nicht mehr so auszulegen, dass Ihr Hund sie liegen sieht. Ansonsten gewöhnt er sich schnell eine Suche mit den Augen an. Genau dies aber möchten wir ja vermeiden. Wenn Ihr Hund

Lucy läuft nach dem Wort Such *und der dazugehörigen Armbewegung los.*

Als Verleitung und zur Ablenkung sind zwei Locktauben aufgestellt, die Lucy ignoriert.

Unbeirrt sucht und findet sie das Dummy …

… und bringt es sofort zurück zu Frauchen.

Beenden Sie die Trainingseinheit anfangs immer mit einem lustigen Spaßapport oder mit einem gemeinsamen Spiel.

ohnehin ein Augenhund ist, dann sollten Sie von Anfang an keinen zu kurzen Bewuchs wählen. Augenhunde müssen so schnell wie möglich erkennen, dass sie bei dieser Arbeit nur mithilfe ihrer Nase ans Ziel kommen.

Sobald Sie bemerken, dass Ihr Hund verstanden hat, worum es bei der Freien Verlorensuche geht, nehmen Sie mehrere Dummys. Zu diesem Zeitpunkt könnte es wichtig sein, sich für die passende Farbe der Dummys zu entscheiden, je nach Trainingsbedarf oder Hundetyp. Wir erinnern uns: Blaugrüne und weiße Dummys sind für den Hund zu sehen, orangefarbene nahezu unsichtbar.

Nach nur wenigen Wiederholungen dieses ersten Schrittes legen Sie die Dummys aus, ohne dass Ihr Hund dabei zusieht. Beginnen Sie auch hier mit nur einem Dummy und sehr einfachem Gelände, achten Sie aber schon jetzt darauf, dass Ihr Hund wirklich die Nase einsetzen muss, um das Dummy zu finden.

Nun sollten Sie auch auf den Wind achten. Nutzen Sie anfangs Gegenwind. Damit erleichtern Sie Ihrem Hund die Arbeit. Später sollten Sie auch mit Seitenwind trainieren. Rückenwind macht jede Suchaufgabe für den Hund zu einer Herausforderung, lehrt ihn aber auch einen guten Suchstil und verhindert einen häufigen Fehler: Der Hund soll sich nicht an unseren Fußspuren orientieren, die wir während des Auslegens verteilt haben, sondern soll ausschließlich die Dummys suchen. Um dies zu erreichen, werfen Sie die Dummys im Suchgebiet in U-Form aus. Werfen Sie sie mit dem Wind. Auf diese Weise wird er kein Dummy finden, wenn er nur Ihrer Fährte folgt.

Wichtig ist, dass jeder Hund lernt, mit dem Wind zu arbeiten. Das heißt, er soll immer gegen den Wind revieren, also das Gelände gegen den Wind in großen Schleifen absuchen. Kommt der Wind von links, schicken wir den Hund mit leichter Körperdrehung und ausladender Geste nach rechts.

Ein Hund mit einem guten Suchstil arbeitet bei einer großen Suche mit hoher Nase und in weiten Bögen. Dabei deckt er das Suchgebiet so weit wie möglich ab.

Wenn Sie mehrere Dummys ausgelegt haben, ist es wichtig, dass der Hund bis zum letzten gefundenen Dummy mit großer Motivation weitersucht. Um dies zu erreichen, gibt es ein paar gute Tricks. Sobald er eines gebracht hat, schicken Sie ihn nach der Abgabe sofort wieder los, ohne ihn vorher ins *Sitz* gebracht zu haben. Merken Sie sich genau, welche Dummys er bereits geholt hat, damit Sie wissen, wo das letzte Dummy liegt. Dieses „suchen" Sie immer gemeinsam mit ihm. Somit lernt er ganz schnell: Solange mein Mensch nicht mit mir gemeinsam ins Suchgebiet geht, liegen noch genug Dummys dort, die ich finden kann. Das letzte Dummy lassen Sie ihn auf jeden Fall selbst aufnehmen und zum Ansatzpunkt zurücktragen.

Jeder Gegenstand, den der Hund uns bringt, sollte sofort in einer Tasche verstaut werden, damit er den Hund nicht von der weiteren Suche ablenkt. Legen Sie die gefundenen Gegenstände nie hinter oder neben sich auf den Boden.

Steigern Sie die Anzahl der Suchobjekte nur langsam und hören Sie auf, ehe Ihr Hund die Lust verliert. Ist dies dann doch einmal der Fall, beenden Sie die Trainingseinheit immer mit einem lustigen Spaßapport oder einem gemeinsamen Spiel mit dem Suchgegenstand. Dann ist Ihr Hund wieder motiviert für das nächste Training.

Übrigens kann es durchaus geschehen, dass die Dummys oder anderen Gegenstände, die der Hund Ihnen bringt, nass, schmutzig oder voller Matsch sind. Nehmen Sie sie trotzdem an, als kämen sie gerade aus der Waschmaschine. Sonst könnte es geschehen, dass Ihr Hund dieses Teil ebenfalls als unangenehm ansieht oder die gleichen Empfindlichkeiten gegen Schmutz entwickelt und Ihnen demnächst solche verunstalteten dreckigen Gegenstände nicht mehr bringt.

Ist die Nase Ihres Hundes nicht die allerbeste, was häufig bei kurznasigen Hunden der Fall ist, können Sie vor allem in freier Natur durchaus mit Düften arbeiten. Dies erleichtert es ihm, unter all den wunderbaren Gerüchen in der Landschaft seinen Suchgegenstand zu finden. Beliebte Gerüche sind zum Beispiel Anisöl oder Kamille.

Vom Gesellen zum Suchmeister

Suchmeister wird Ihr Hund nur durch Ihr gemeinsames Training. Nahezu jeder Hund besitzt ein riesiges Potenzial, was die Fähigkeit angeht, Dinge mit der Nase zu finden. Die große Freie Verlorensuche bietet hier unendliche Möglichkeiten. Ist Ihr Hund schon fortgeschritten, können Sie in fast jedem Gelände die interessantesten Suchen aufbauen.

Jasper muss seine Nase tief ins hohe Gras stecken und konzentriert arbeiten, um den kleinen Ball zu finden.

Spätestens jetzt sollten Sie Ihrem Hund auf keinen Fall helfen, wenn er die Suchobjekte nicht sofort findet und Sie um Hilfe fragt. Wenden Sie sich von ihm ab und signalisieren Sie so, dass er seiner Nase vertrauen soll statt Ihrer Hilfe.

Arbeiten Sie nun immer öfter mit Rückenwind. Ihr Hund soll weit in das Suchgelände laufen – man sagt in die Tiefe gehen –, damit er Wind bekommt. Lassen Sie ihn durch Ausprobieren seinen eigenen Suchstil finden. Schicken Sie ihn zunehmend in schwierigeres Gelände mit höherem oder auch unangenehmem Bewuchs. Wählen Sie sowohl Wiesen als auch dichte Deckungen oder Gräben und wechseln Sie ständig.

Eine weitere Schwierigkeit können Sie einbauen, indem Sie nicht mehr die üblichen Suchgegenstände nehmen, sondern andere und vor allem kleinere. Tennisbälle sind schwierig zu finden, aber auch kleinere Dummys als die gewohnten Standarddummys. Entscheiden Sie sich zudem auch noch für Farben, die der Hund nicht erkennt – wie zum Beispiel Orange –, dann wird es besonders spannend. Ein kleines 100-Gramm-Dummy in Orange in einen Graben gelegt – um das zu finden, bedarf es eines richtigen Nasenprofis! Und wenn er von diesen Dummys auch noch mehrere direkt hintereinander suchen muss – und findet –, können beide Teampartner zufrieden sein: gute Arbeit!

Nachtschicht für Aufgeweckte

Den besonderen Kick bei der Freien Verlorensuche erleben Sie und Ihr Hund, wenn Sie eine Suche im Dunkeln aufbauen. Vor allem im Winter bleibt uns ja kaum etwas anderes übrig, als mehr oder weniger regelmäßig unsere Abendspaziergänge mit einer Taschenlampe zu absolvieren. Arbeitet und gehorcht Ihr Hund zuverlässig, lassen Sie ihn doch mal im Dunkeln suchen.

Setzen Sie Ihren Hund ab und verschwinden Sie in der Dunkelheit. Werfen Sie die Dummys oder andere Suchgegenstände von sich fort, damit Ihr Hund nicht durch Ihre Fährte zu diesen gelangt. Dann gehen Sie zurück zu ihm und schicken ihn in die Suche. Mit einem Leuchthalsband sehen Sie Ihren Hund geschäftig durch die Nacht rasen, Sie hören seinen Atem und seine Schritte. Das ist spannend, und zwar für Sie beide. Die meisten Hunde verharren zu Beginn während der Suche, um zu erkunden, ob Sie noch da sind oder wo genau Sie sind. Dazu horchen sie und versuchen Sie zu eräugen.

Am Anfang könnte es zudem geschehen, dass Ihr Hund Probleme hat, zu Ihnen zurückzugelangen, weil er sich noch nicht gut orientieren kann. Um all dies zu erkennen, müssen Sie ihn sorgfältig beobachten und horchen, was er gerade macht. Helfen Sie ihm, den Rückweg zu finden, indem Sie sich räuspern oder ihn rufen. Sie werden nun feststellen, dass Sie das schon nach wenigen Wiederholungen nicht mehr brauchen. Unsere Hunde gewöhnen sich schnell daran, im Dunkeln zu arbeiten.

Außer Spaß bringt Ihnen diese Erfahrung eine wichtige Zugabe: Sie lernen, sich beide aufeinander zu verlassen. Blind. Ohne Licht.

Schleppen und Fährten

Eine Nasenarbeit, die eine ganz andere Vorgehensweise verlangt als die bisherigen Schnüffelaufgaben, müssen unsere Hunde bei der Schleppen- und Fährtenarbeit leisten.

Bisher ging es darum, Flächen abzusuchen; nun soll der Hund lernen, systematisch eine lang gezogene Spur mit seiner Nase zu verfolgen. In der Natur treffen wir meistens auf Wildspuren oder auf die Fährten anderer Hunde. Wer seinen Hund auf Spaziergängen genau beobachtet, wird feststellen, dass er häufig irgendwelche Spuren aufnimmt und verfolgt. Welche das sind, wo sie beginnen und wo sie enden, das können wir nicht wissen. Genau dies bereitet aber vielen Menschen Probleme, denn häufig schnüffelt sich der Hund ein, sieht und hört nichts mehr, weil er mit Riechen beschäftigt ist – und ist fort.

Mit den hier vorgestellten Aufgaben stellen wir eine kontrollierte Situation her und trainieren ein Abarbeiten einer interessanten Spur. Dies geschieht jedoch auf Kommando, stellt also die Arbeit, die unser Hund so gerne macht, unter Signalkontrolle. Auf diese Weise erleben Sie gemeinsam mit Ihrem Hund eine seiner beliebtesten Freizeitbeschäftigungen, statt ihm den Riesenspaß allein zu überlassen.

Für die Schleppenarbeit benötigen Sie:

- Schleppleine und Geschirr
- Wurststücke und verdünntes Würstchenwasser
- Flasche oder Gefrierbeutel zum Austräufeln
- Dummy, Spielzeug, Geruchsröhrchen oder Schleppgegenstand Ihrer Wahl
- Markierhilfen: Markierband (gibt es im Hundesportfachhandel), Wäscheklammern und Papiertaschentücher oder Zettel und Stift zum Aufzeichnen

Die Würstchenschleppe

Eine Würstchenschleppe eignet sich hervorragend für den Anfang des Schleppentrainings. Sie benötigen kleine (aber nicht zu

Ein gutes Rezept für die ersten Schritte beim Schleppentraining: Würstchen und Würstchenwasser.

kleine) Würstchenstücke, Würstchenwasser, eine circa 5 bis 10 Meter lange Schleppleine und ein Geschirr. Verdünnen Sie das Würstchenwasser zusätzlich mit Leitungswasser. Zum Austräufeln des Wassers eignet sich ein Gefrierbeutel, in den man ein kleines Loch pikst, oder eine Kunststoffflasche mit einem Verschluss, aus dem man trinken kann, wenn man ihn hochzieht.

Statt Würstchen und Würstchenwasser können wir auch gekochtes und klein geschnittenes Geflügelfleisch und dessen Brühe nehmen.

Lassen Sie Ihren Hund Schleppen wenn möglich am Geschirr arbeiten, um seinen Hals zu schonen, denn bei dieser Arbeit darf und soll er ausnahmsweise leicht ziehen.

Die ersten Schritte

Wählen Sie ein sehr einfaches Gelände. Niedriges Gras oder auch Straßenpflaster sind gute Untergründe für die erste Schleppe. Wählen Sie am besten Gegenwind, damit der Hund schnell zum Erfolg kommt.

Legen Sie an den Anfang der Schleppe (man nennt diese Stelle „Abgang“) zwei Stückchen Wurst. Hier beginnt die Würstchenwasserschleppe, die Sie nun immer geradeaus ziehen. In kurzen, regelmäßigen Abständen legen Sie ein Stückchen Wurst auf die Schleppe. Beenden Sie die ersten Schleppen nach circa 20 Metern mit einem kleinen Jackpot: Legen Sie mehrere Würstchenstücke dort ab. Diesen Jackpot sollte der Hund auf keinen Fall zu früh sehen können,

Am Abgang startet die Schleppe mit zwei oder drei Würstchenstücken und einem Klacks Würstchenwasser.

Zeigen Sie Ihrem Hund den Abgang. Balou findet die Würstchen lecker und die Stelle interessant.

sonst lernt er nicht mehr, mit seiner Nase zu suchen, sondern mit seinen Augen. Das müssen wir vermeiden.

Ein wichtiger Grundsatz für das Schleppenende ist, dass der Hund genau das vorfinden sollte, was er mit der Nase verfolgt hat. Legen Sie also bitte kein Spielzeug oder Hähnchenfleisch an das Schleppenende, wenn er durch Würstchenwasser dorthin gelangt ist. Er würde damit erfahren, dass er nicht immer findet, was er sucht. Genau wie uns würde das auch einen Hund verwirren und ihn womöglich falsche Schlüsse aus dem Gelernten ziehen lassen.

Lassen Sie den Hund zu Beginn zwei- oder dreimal zuschauen, während Sie die Aufgabe aufbauen. Setzen Sie ihn hierzu ein wenig weiter entfernt ab. Dann legen Sie die Schleppe, wie oben beschrieben. Warten Sie einige Minuten, damit sich der Geruch entfalten kann.

Mit tiefer Nase schnüffelt er sich von Würstchen zu Würstchen bis zum Jackpot.

Nun beginnen Sie mit einem Ritual, mit dem Sie in Zukunft jede Schleppe starten:

Führen Sie Ihren Hund in die Nähe des Abgangs und lassen Sie ihn dort in einigen Metern Entfernung erneut absitzen. Untersuchen Sie den Boden, interessieren Sie sich für die Stelle. Dann holen Sie ihn ab und zeigen ihm den Abgang. Sagen Sie leise, in aufmunterndem Tonfall *Schleppe* oder ein anderes Kommando. Dieses sollte sich auf jeden Fall vom Suchkommando aus der Freien Verlorensuche deutlich unterscheiden, denn die Art der Arbeit ist eine ganz andere. Auch Ihre Gesten sollten nicht die gleichen sein.

Lassen Sie ihn die ersten Würstchenstücke essen und der Würstchenwasserschleppe folgen. Halten Sie die Leine stets ein wenig auf Spannung, rucken Sie nicht.

Kommt Ihr Hund von der Schleppe ab, locken Sie ihn ein Stück zurück, setzen ihn dort noch einmal an, wo er die Spur verlassen hat, und lassen ihn sich erneut einschnüffeln. Sagen Sie nicht *Nein* und ziehen Sie ihn auch nicht zurück, im Notfall helfen Sie ihm anfangs, indem Sie ihn mit der Hand auf die Schleppe hinweisen oder dort im Gras rascheln. Am Ende wird er schließlich den Jackpot finden und sehr motiviert sein, solch eine spannende Übung noch einmal zu wiederholen. Mehr als zwei oder drei kurze Schleppen sollten Sie ihn jedoch zu Beginn nicht nacheinander laufen lassen.

Halten Sie die Schleppleine mit beiden Händen fest, aber nicht zu fest. Sie sollte optimalerweise immer leicht gestrafft sein, allerdings nur, weil der Hund voranstrebt. Ziehen und rucken Sie auf keinen Fall an der Leine.

Von Mal zu Mal legen wir nun eine längere Würstchenwasserschleppe aus. Vergrößern Sie stetig den Abstand zwischen den Würstchenstücken, bis Sie letztendlich keine Stückchen mehr am Abgang und auf der Wasserschleppe auslegen, sondern nur noch am Ziel. Bleiben Sie nicht zu lange bei kurzen, einfachen Strecken, sonst langweilt sich ein Hund schnell. Trainieren Sie nun auch mit Seitenwind. Gegenwind verleitet den Hund zum „Pendeln“, das heißt, er bewegt sich mit pendelartigen Bewegungen mal rechts, mal links der Schleppe. Daraus wird schnell eine Freie Verlorensuche. Das möchten wir natürlich nicht. Daher nutzen wir so bald wie möglich Seitenwind. Der Hund wird sich nun ein wenig in den Wind werfen und nicht mehr genau auf der Schleppe laufen. Je stärker der Wind ist, desto weiter wird der Hund parallel zur Schleppspur arbeiten. Dies können durchaus auch 1 bis 2 Meter sein.

An dieser Stelle wird es Zeit, leichte Winkel einzubauen. Nehmen Sie anfangs Winkel, die größer als 90 Grad sind. Kleiner als 90 Grad sollten nur sehr fortgeschrittene Hunde arbeiten. Direkt vor und nach dem Winkel legen Sie in den ersten Trainingseinheiten wiederum jeweils ein Würstchenstück aus, um Ihrem Hund zu helfen.

Beobachten Sie nun Ihren Hund. Es wird ihm des Öfteren geschehen, dass er den Winkel überläuft, dann kurz stutzt, noch einmal zurückkehrt, sich vergewissert, ob er richtig geschnüffelt hat, und dann wieder auf der Schleppspur ist. Man sieht ihn denken. Das ist sehr spannend.

Weiß er nicht mehr weiter, helfen Sie ihm. Laufen Sie die Schleppe entlang einige Meter zurück und zeigen Sie ihm, falls er es nicht selbst findet, wo er sie wieder aufnehmen kann. Sie sehen, dass auch Ihre Sinne und Konzentration sehr stark gefragt sind.

Diese Form der Nasenarbeit ist zwar sehr anstrengend für den Hund, kommt jedoch seinen Talenten entgegen, und daher lernt er zügig. Nach nur wenigen Wiederholungen weiß er, was er zu tun hat. Denken Sie immer daran, dass es genau dies ist, was Ihr Hund am allerbesten kann: Spuren verfolgen.

Schleppen für Nasenprofis

Es wird nicht lange dauern, dann können Sie Ihren Hund durchaus als Schleppenprofi bezeichnen. Beginnen Sie nun auch ein fortgeschrittenes Training.

Ziehen Sie die Schleppe über verschiedene Geländeuntergründe, also zum Beispiel vom niedrigen Rasen über einen Weg auf eine höher bewachsene Wiese. Bauen Sie Verleitungen ein in Form von anderen Schleppen (zum Beispiel Spielzeugschleppen, indem Sie ein Spielzeug an einer Leine über den Boden ziehen), die die Würstchenschleppe kreuzen, oder legen Sie Gegenstände neben die Schleppe, die Ihr Hund jedoch ignorieren soll.

Nun sollten Sie auch mit Rückenwind arbeiten. Das ist schwierig für den Hund und verlangt höchste Konzentration. Achten Sie anfangs darauf, dass der Wind nicht zu stark ist. Mit Rückenwind wird der Hund sich sehr schnell angewöhnen, mit tiefer Nase zu arbeiten. Dies ist wichtig, damit er besser den Geruch der Spur wahrnehmen kann und nicht so schnell durch andere Düfte abgelenkt wird.

Legen Sie den Suchgegenstand auch mal auf einen Baumstumpf oder eine Mauer. Sie werden das verwunderte Gesicht Ihres Hundes sehen, wenn die Spur plötzlich aufhört, aber irgendwie liegt der Geruch in der Luft! Mit solchen Überraschungen bleibt das Training spannend.

Verlängern Sie nun allmählich die Standzeit – das ist die Zeitspanne, während der die Schleppe „steht“, also nicht vom Hund erarbeitet wird – bis auf einige Stunden. Kalkulieren Sie jedoch auch hier wiederum die

Welche Überraschung! Die Schleppe endete abrupt, aber der Geruch liegt in der Luft. Goya findet das Dummy auf der Hecke.

Witterungsverhältnisse ein. Bei normaler Temperatur und leichtem Wind können Sie eine Schleppe im fortgeschrittenen Ausbildungsstadium also durchaus zwei Stunden stehen lassen, während sie sich bei sengender Sonne und Trockenheit dagegen nach gleicher Zeit so weit verflüchtigt hat, dass Ihr Hund damit eventuell überfordert wäre.

Nach und nach können Sie die Schleppen durchaus auf mehrere 100 Meter verlängern. Es gibt Prüfungen, in denen Hunde Schleppen von mehr als einem Kilometer abarbeiten. Mit regelmäßigem Training kann unser Hund das auch, nicht wahr?

Bei längerer und komplizierter Streckenfolge ist es eine gute Idee, sich die Strecke während des Legens aufzuzeichnen oder zu markieren. Zum Markieren befestigen Sie an Ästen zum Beispiel Streifen von Papiertaschentüchern, Wäscheklammern oder Markierbänder aus Papier, die man für diesen Zweck im Hundesportfachhandel erwerben kann. Vor allem Richtungswechsel sollten Sie sich so markieren, damit Sie sicher wissen, ob sich Ihr Hund noch auf der Schleppspur befindet, und Sie ihm notfalls helfen können.

Erhöhen Sie immer nur den Schwierigkeitsgrad eines einzigen Faktors. Wenn Sie also ein schwierigeres Gelände als im vorherigen Training wählen, dann verlängern Sie nicht gleichzeitig die Strecke oder die Standzeit.

Vergessen Sie vor allem nach langen Marathonschleppen nicht, dem Hund Wasser anzubieten.

Das Wetter hat einen starken Einfluss auf die Schleppe:

- Hohe Temperaturen und sehr niedrige Temperaturen erschweren die Nasenarbeit.
- Windstille lässt den Geruch nahezu auf der Schleppe liegen.
- Starker Wind verweht den Geruch weit, meistens in eine Richtung.
- Frost lässt nur geringe Geruchsentwicklung zu.

Der erste Trainingsschritt: Goya darf kurz zuschauen, wie Frauchen das Dummy wegzieht. So wird sein Interesse geweckt. Am Busch biegt Frauchen ab. Ab hier muss Goya gleich seine Nase einsetzen.

Dummy-, Duftröhrchen-, Futterdummy- und Spielzeugschleppen

Hat Ihr Hund das Prinzip einer Schleppe verstanden, bieten sich für ihn in Zukunft die interessantesten Suchaufgaben. Sie können Dummy-, Spielzeug-, Futterdummy- oder Duftröhrchenschleppen legen. Man kann sich nicht genug wundern, wie sicher unsere Hunde auch diese Gegenstände durch Abarbeiten der Spur finden.

Die Gegenstände sollten nicht zu leicht sein, damit sie ausreichend Geländeverwundung verursachen, wenn Sie sie an einem Seil über den Boden ziehen. Laufen Sie dabei immer an der dem Wind abgewandten Seite, damit Ihre Fußspuren nicht über die Schleppe wehen. Ansonsten würde der Hund schnell lernen, Ihren Fußspuren nachzulaufen statt dem Geruch des geschleppten Gegenstandes. Möchten Sie dies komplett vermeiden, sollten Sie die Schleppe mithilfe

Mit tiefer Nase verfolgt Goya die Schleppspur bis zum Dummy …

… und bringt es zu Frauchen zurück.

einer Reizangel ziehen. Binden Sie hierzu den Schleppgegenstand an die Reizangel.

Kommt der Wind von links, laufen Sie so weit wie möglich rechts neben der Schleppe und ziehen den Gegenstand voran.

Haben Sie einen Hund, auf dessen Rückkehr Sie sich verlassen können, spricht nichts dagegen, ihn lange Schleppen ohne Leine abarbeiten zu lassen. Dies ist im jagdlichen Einsatz keine ungewöhnliche Anforderung an einen gut ausgebildeten Jagdhund. Am Ende sollte immer ein Gegenstand liegen, den Ihr Hund Ihnen zurückbringt. Eine Anzeige wäre höchstens durch Lautgeben möglich, für die Profis auch durch Bringselverweisen, denn der Hund geht außer Sicht. Zur Sicherheit sollte der Hund überall dort ohne Halsband arbeiten, wo er hängen bleiben könnte.

Auch Schleppen können Sie mit Wildersatz trainieren, falls dies nötig ist, wenn Ihr Hund sich nur für Wildgerüche, nicht aber für die Standarddummys oder Spielzeuge interessiert. Ein geschlepptes Hasenfelldummy, zusätzlich imprägniert mit künstlichem Hasengeruch, weckt bei jedem jagd-

Diese Schleppspur wird mit einer Reizangel gezogen, damit wir sichergehen, dass der Hund die Dummyschleppe verfolgt und nicht unsere Fußspuren. (Foto: M. Nau)

triebigen Hund starkes Interesse. Trotzdem möchte ich auch hier noch einmal betonen, dass es wichtig ist, dem Hund so schnell wie möglich auch andere, „harmlose" Schleppen schmackhaft zu machen. Es könnte leicht zu Missverständnissen führen, wenn Ihr Hund mit einem Hasenfelldummy über eine Wiese prescht oder aus dem Wald kommt. Außerdem möchten wir ihn ja grundsätzlich vom Wild ablenken.

Wir kombinieren: Spannende Suchaufgaben

Und was machen wir nun, wenn unser Hund all das kann, was wir bisher besprochen haben? Dann stellen wir spannende Aufgabenkombinationen zusammen. Hier sind nun unserer Fantasie keine Grenzen gesetzt. Wir bleiben bei Dummys, weil sie von Hunden gern getragen und gesucht werden, auch für schwieriges Gelände ausreichend Eigengeruch besitzen, weil es sie in so vielen unterschiedlichen Größen gibt, und weil es besser ist, dass alle Gegenstände gleich aussehen, wenn man mit mehreren gleichzeitig trainiert. Natürlich können Sie auch andere Suchobjekte wählen, achten Sie jedoch darauf, dass Ihr Hund ganz sicher weiß, was er denn überhaupt suchen soll.

Zum Beispiel könnte ein Helfer ein an einer Schnur befestigtes Dummy sichtig auswerfen. Dies nennen wir Markierung. Wählen Sie für den Anfang ein nicht zu schwieriges Gelände. Dann zieht der Helfer das Dummy über den Boden an der Leine fort. Lassen Sie Ihren Hund kurz zuschauen. Während das Dummy vollends hinter einem Strauch oder in hohem Gras verschwindet, lenken Sie ihn kurz ab. Wie weit der Helfer das Dummy zieht, hängt vom Ausbildungsstand des Hundes ab.

Jetzt schicken Sie Ihren Hund zum Apport. Wenn er an der Fallstelle ankommt, wird er beim ersten Mal stutzen, denn das Dummy ist fort! Sie können ihm nun helfen, indem Sie das Kommando für die Schleppe nennen, oder Sie lassen ihn selbst herausfinden, wie er das Dummy findet. Je nach Hundetyp und Ausbildungsstand sollten Sie entscheiden, wie Sie weiter vorgehen. Hat Ihr Hund das Dummy gefunden, haben Sie beide zusammen etwas Großes geleistet.

Im Laufe des Trainings müssen die Schleppen weiter werden. Sie sollten dann zuerst die Schleppe ziehen, ohne dass Ihr Hund zuschaut. Somit kann diese auch einige 100 Meter lang sein. Am Ende lassen Sie das geschleppte Dummy (kein anderes!) liegen. Nun holen Sie den Hund, lassen ihn zuschauen, während ein Helfer die Markierung wirft, drehen den Hund kurz um und lassen ihn ein vorher ausgelegtes oder geworfenes Dummy holen. So lenken Sie ihn ab. Währenddessen nimmt der Helfer das geworfene Dummy fort. Nun drehen Sie den Hund wieder um und schicken ihn auf das Dummy, das aus der Sicht des Hundes geflüchtet ist und dessen Schleppe er nun abarbeiten soll. Solche Aufgaben gemeinsam zu bewältigen, das setzt schon eine Menge Wissen und Geschicklichkeit voraus, aber auch Vertrauen und Teamarbeit.

Auch die folgende Aufgabe wird durch einen Helfer für den Hund interessanter: Legen Sie nun eine Freie Verlorensuche mit einem oder mehreren Dummys aus, ohne dass Ihr Hund dies sieht. Stellen Sie sich dann mit Ihrem Hund auf und lassen Sie ihn neben Ihrem Fuß sitzen. Sie oder ein Helfer legen oder werfen ein Dummy im Winkel von 180 Grad vom Suchgelände aus gesehen. Dieses darf der Hund jedoch nicht sofort holen. Stattdessen drehen Sie sich um und schicken ihn in die zuvor ausgelegte Suche. Hat er Ihnen nun das Dummy gebracht, darf er das sichtig ausgelegte oder ausgeworfene Dummy holen. Diese Übung beinhaltet Standruhe, Konzentration, Gehorsamkeit und sehr viel Spannung.

Dies sind nur drei Beispiele, wie wir Aufgaben miteinander kombinieren können. Sie sind natürlich am besten ohne Schleppleine

Es wird Ihnen und Ihrem Hund viel Spaß machen, auch schwierige Aufgabenkombinationen zu bewältigen.

zu lösen, der Hund sollte also insgesamt gehorsam sein und keine Privatausflüge machen, während Sie auf ihn warten.

Bauen Sie auf diese Weise ein interessantes Training auf. Sie werden sehen, dass Ihnen immer neue Variationen einfallen, vielleicht mit anderen Gegenständen oder in Kombination mit Wasserarbeit in einem See. Es wird Ihnen und Ihrem Hund sehr viel Spaß machen, gemeinsam auch schwierige Aufgaben zu erledigen.

„Such den Menschen!" – Fährtentraining

Wenn unser Hund Spaß daran hat, Schleppen zu erarbeiten, wird er bestimmt genauso gern Fährten erschnüffeln. Eine Fährte ist – allgemein beschrieben – eine Aneinanderreihung von Abdrücken auf dem Boden, verursacht durch Fahrzeuge, Tiere oder Menschen. Man spricht von einer Bodenverletzung. Wenn jemand oder etwas eine Bodenverletzung verursacht, dann werden Pflanzen und Kleinstlebewesen zerquetscht. Stetig lösen sich diese in ihre Bestandteile auf, es tritt Gas aus, und dieses riechen unsere Hunde. Zudem lösen sich in jeder Sekunde kleinste Teile von Schuhen oder Schuppen fallen von unserem Körper. Vor allem wir Menschen rieseln ununterbrochen vor uns hin und ein erfahrener Hund kann uns anhand dieser Geruchsspuren problemlos überall finden. Schauen wir uns an, wie wir unserem Hund dies beibringen.

Für das Fährtentraining benötigen Sie:

- Schleppleine
- Geschirr
- Leckerchen oder Spielzeug
- Markierhilfen oder Zettel und Stift

Wir fährten

Wir beginnen mit unserer eigenen Fährte. Ihr Hund soll lernen, zunächst Sie selbst zu suchen.

Während Sie nun die folgenden Vorbereitungen treffen, lassen Sie Ihren Hund in einiger Entfernung abliegen und Sie beobachten. Das wird seine Neugier entfachen und seine Motivation erhöhen.

Beginnen Sie auch hier wieder mit Gegenwind. Wie bei den Schleppen gilt dies allerdings nur für die ersten Fährten, danach sollten Sie Seiten- und dann zügig Rückenwind wählen. Beginnen Sie anfangs mit einem leicht wehenden Wind. Ansonsten gelten für Fährten die gleichen Witterungsregeln wie für Schleppen.

Planen Sie vor dem Legen der Trittspur, wie die aktuelle Fährte verlaufen soll. Anfangs sollte das Gelände nicht schwierig sein.

Markieren Sie für sich den Abgang. Hier treten Sie mehrfach fest mit dem Schuh auf. Legen Sie zwei oder drei Leckerchen in diese Schuhtritte hinein, damit Ihr Hund diese Stelle besonders spannend findet. Nun laufen Sie die Trittspur. Legen Sie für die ersten Fährten in jeden Ihrer Fußtritte ein Leckerchen. Laufen Sie nur geradeaus und nicht zu weit. Am Ende wartet auf den Hund ein Jackpot. Legen Sie mehrere Leckerchen in den letzten Fußtritt, den Ihr Hund erreichen soll. Gehen Sie danach noch einige Schritte weiter, ehe Sie in weitem Bogen mit dem Wind (nicht gegen ihn) zum Hund zurückkehren.

Warten Sie anfangs einige Minuten, bis Sie Ihren Hund am Abgang ansetzen. Machen Sie in der Zwischenzeit etwas anderes mit ihm. Die meisten Hunde erinnern sich an das, was sie vor einigen Minuten beobachten konnten, und freuen sich, endlich nachzuschauen, was Sie da gemacht haben.

Nun zelebrieren Sie das gleiche Ritual wie zu Beginn der Schleppe. Setzen Sie Ihren an einer Schleppleine angeleinten Hund ein paar Meter abseits ab, untersuchen Sie den Abgang, holen Sie den Schnüffelprofi anschließend dorthin, zeigen Sie ihm die Stelle, lassen Sie ihn die Leckerchen nehmen und ermuntern Sie ihn, Ihrer Fährte zu folgen. Während er losgeht, können Sie von Anfang an ein neues Kommando einführen. Dies könnte zum Beispiel *Fährte* sein.

Lassen Sie den Hund die Fährte an leicht gestraffter Leine abarbeiten. Falls er sie verliert, helfen Sie ihm durch Stehenbleiben, Zurückgehen einiger Meter oder am Anfang auch durch erneutes Hinweisen auf die Fährte. Zeigen Sie ihm ruhig mit Ihren Händen, wo er mit dem Schnüffeln erneut ansetzen sollte. Am Ende der Fährte wartet wiederum der Jackpot.

Fährten für Nasenprofis

Sie werden sehen, dass Sie schon nach wenigen Fährten den Schwierigkeitsgrad erhöhen können. Arbeiten Sie mit schwierigeren Windverhältnissen, mit Geländeübergängen, weiteren Entfernungen, stumpfen Winkeln über 90 Grad und längerer Standzeit.

Damit Sie immer ein wenig mehr wissen als Ihr Hund, markieren Sie sich den Weg oder machen Sie sich während des Laufens Notizen auf einem Zettel. Bevor Sie nun losgehen, sollten Sie sich jedoch bestimmte Geländemerkmale als Ziele nehmen, sonst „verlaufen" Sie sich leicht, während Sie die Fährte legen. Gehen Sie also zum Beispiel von der Linde geradeaus bis zu einem großen Stein, dann biegen Sie rechts ab und gehen auf einen abgesägten Baumstamm zu, wo Sie wiederum weiter geradeaus gehen bis zum ersten Strauch.

So gewappnet, können Sie Ihren Hund Hindernisse überqueren lassen wie gefällte Bäume, Sie können Verleitspuren mit künstlichen Gerüchen legen oder eine andere Person legt vorher oder nachher eine sogenannte Verleitfährte, die Ihre Fährte kreuzt.

Was aber machen wir nun, wenn der Hund die richtige Fährte verlässt und einer dieser Verleitfährten nachgeht? Bleiben Sie stehen und sagen Sie anfangs nichts. Dann gehen Sie so weit zurück, bis Ihr Hund die Kreuzung der beiden Fährten abschnüffeln kann. Helfen Sie ihm nur, wenn er vollkommen ratlos ist. Besser ist es, er findet selbst heraus, was gerade falsch gelaufen ist. Erst wenn er die richtige Fährte wieder aufnimmt, sollten Sie ihm folgen. Solange das nicht der Fall ist, bleiben Sie stehen oder zeigen ihm – im Notfall – wo die richtige Fährte verläuft.

Auf Dauer wird unserem Hund jedoch auch das Erschnüffeln unserer eigenen Fährte langweilig, egal, wie interessant wir die Abwechslungen gestalten. Deswegen und weil wir ihn ja stetig schlauer machen möchten, sollten wir irgendwann damit beginnen, ihn auch andere Menschen suchen zu lassen. Möchten wir ihm diese neue Aufgabe erleichtern, können wir ihm zusätzlich vor Aufnehmen der Fährte Geruchsproben durch getragene Kleidungsstücke der Person zum Schnuppern geben. Dann hat er als Anhaltspunkt nicht nur die Trittspur, sondern auch den Eigengeruch der Person. Diese hat nämlich, während sie die Fährte legte, Millionen Hautschuppen um die Trittspur herum verteilt, die Ihrem Hund nun zusätzlich helfen, sicher zum Ziel zu kommen.

Sie denken, es gibt keine weitere Steigerung mehr? Und ob! Fährten kann man auch in der Stadt legen. Es muss ja nicht die Einkaufszone am Samstagnachmittag sein, in der man arbeitet. Etwas ruhigere Nebenstraßen tun es auch, die Ablenkungen dort reichen sicherlich aus. Hier sollten Sie nicht nur den Bürgersteig entlanglaufen, sondern die Straßenseite wechseln, um einen Absperrpolder herumgehen oder in ein Geschäft hinein- und wieder hinausgehen. Lassen Sie auch hier anfangs die Fährte nicht zu lange stehen. Fünf Minuten sind für dieses Ausmaß an Ablenkungen ausreichend.

Ein kurzer Blickkontakt vor dem Start – und dann geht's los zum Fährten.

Zum Schluss

Bis hierher haben wir einen weiten Bogen gespannt von kleinen, minutenlangen Schnüffelspielchen bis zu aufbauender, anstrengender Nasenarbeit. Entdecken Sie, wie spannend es ist, die beschriebenen Übungen in Zukunft weiterzuentwickeln und abzuändern. Nasenarbeit bleibt für Sie und Ihren Hund ganz bestimmt dauerhaft interessant, wenn es immer wieder etwas Neues zu entdecken gibt. Hierbei wünsche ich Ihnen und Ihrem vierbeinigen Teampartner viel Spaß und – wie man sagt – viel Suchenglück!

Zum Weiterlesen

Bestimmt möchten Sie sich in das eine oder andere Thema weiter einlesen. Hier finden Sie eine Fülle interessanter Informationen:

Antonisse-Zijda, Tineke J.:
Die drei Apporte.
Eigenverlag, 2004

Birmelin, Immanuel:
Schlauer Hund.
München: Gräfe und Unzer, 2006

Bogaerts, Anke:
Die drei Charaktere.
Eigenverlag, 2006

Braun, Martina:
Verstehen Sie Hund?
Brunsbek: Cadmos Verlag, 2003

Hallgren, Anders:
Mentales Training für Hunde.
Brunsbek: Cadmos Verlag, 2003

Laser, Birgit:
Clickertraining.
Brunsbek: Cadmos Verlag, 2000

Liebeck, Christiane:
Mantrailing.
Brunsbek: Cadmos Verlag, 2006

Nau, Martina:
Auf und davon – Wie der Jagdtrieb des Hundes kontrollierbar wird.
Brunsbek: Cadmos Verlag, 2008

Nau, Martina:
Mit dem Hund gemeinsam unterwegs.
Brunsbek: Cadmos Verlag, 2009

Rauth-Widmann, Brigitte:
Die Sinne des Hundes.
Brunsbek: Cadmos Verlag, 2005

Bezugsquellen für Duftröhrchen:

Hund und Freizeit e.K.
Uhlenbrock 10
49586 Neuenkirchen
www.hund-und-freizeit.com

Andreas Nau
Hundetrainingsartikel
Im Huck 10
47533 Kleve

Danke ...

... an alle, die daran beteiligt waren, dass uns ein sehr schönes Buch über eine spannende Beschäftigung mit unseren Hunden gelungen ist. Besonders den zwei- und vierbeinigen Fotomodellen gilt wie immer mein besonderer Dank. Ihr wart mit viel Geduld und Freude dabei. Ich finde, man sieht es.

Die Autorin

Martina Nau lebt mit ihren drei Hunden am Niederrhein. Dort führt sie seit vielen Jahren erfolgreich eine eigene Hundeschule, in der sie Erziehungs- und Beschäftigungskurse, Einzeltraining und Antijagdtraining für Familien- und Jagdhunde anbietet. Ihre Bücher und Artikel in Fachzeitschriften entstehen aus der Verbindung von Theorie und Praxis.

(Foto: Bergob)

Stichwortverzeichnis